轨道转移飞行器导航与制导

李学锋　李超兵　王青　著

国防工业出版社

·北京·

内容简介

本书介绍了轨道转移飞行器导航与制导系统的设计理论与方法，并对提出的方法进行了仿真验证。全书共9章:第1章主要介绍了轨道转移飞行器导航与制导系统的特点和研究现状;第2~8章主要论述了轨道转移飞行器轨道预报技术、惯性导航与初始对准技术、惯性/卫星组合导航技术、惯性/天文组合导航技术、冗余容错与故障重构技术以及制导与中途修正技术,并给出仿真实例进行验证;第9章结合前面各章内容和工程实际,以将有效载荷送入地球同步轨道为例,介绍了轨道转移飞行器在整个飞行过程中的轨道控制策略。

本书内容简明扼要,理论紧密结合实际,可作为从事飞行器导航与制导系统分析、设计与验证工作工程技术人员和研究人员的参考书,也可作为导航、制导与控制相关专业研究生和高年级本科生的教材。

图书在版编目(CIP)数据

轨道转移飞行器导航与制导/李学锋，李超兵，王青著.—北京:国防工业出版社,2017.1

ISBN 978-7-118-11119-4

Ⅰ.①轨… Ⅱ.①李… ②李… ③王… Ⅲ.①飞行器—航天导航 ②飞行器—制导 Ⅳ.①V556 ②V44

中国版本图书馆CIP数据核字(2016)第253490号

※

国防工业出版社出版发行

(北京市海淀区紫竹院南路23号 邮政编码100048)

北京京华虎彩印刷有限公司印刷

新华书店经售

*

开本 880×1230 1/32 **印张** 5¼ **字数** 138千字

2017年1月第1版第1次印刷 **印数** 1—1500册 **定价** 68.00元

国防书店:(010)88540777 发行邮购:(010)88540776

发行传真:(010)88540755 发行业务:(010)88540717

前　言

轨道转移飞行器是一种新型空间运输工具，俗称“太空摆渡车”，其主要工作任务是在不同轨道之间运送有效载荷，具有长时间在轨、空中多次点火、高度自主的特点。从搭载在运载火箭上起飞，到最终完成变轨飞行的整个过程完全由自己独立控制。

本书结合理论研究和工程实践，重点论述了轨道转移飞行器导航与制导系统的分析设计与综合技术，力求利用较为通用的模型、新颖的方法和实用的轨道控制策略为轨道转移飞行器导航、制导系统设计提供理论依据和技术参考。

全书分为基础知识、导航、制导和综合应用四大部分。基础知识部分，建立了具有广泛适应性的轨道转移飞行器运动模型，介绍了轨道预报方法，为导航和制导系统的设计提供了基础。导航部分，论述了初始对准、惯性器件故障诊断与重构、组合导航方法，为制导控制提供了测量信息。制导部分，结合工程实际，重点分析了摄动、迭代制导及中途修正技术，为实现轨道转移提供控制策略。综合应用部分，以飞行任务为背景，介绍了上述技术在轨道转移飞行器中的具体应用。

在本书的编写过程中，参考了部分国内外文献，在此对这些文献的作者表示衷心的感谢。

由于作者水平有限，书中疏漏之处在所难免，恳请读者批评指正。

作者
2016 年 7 月

目　录

第1章 绪 论

轨道转移飞行器是一种由基础级运载火箭发射进入地球轨道后，通过多次变轨将有效载荷送入预定工作轨道的具有自主独立性的飞行器。轨道转移飞行器又称为“太空摆渡车”，首先运载火箭将飞行器与有效载荷一并送入近地轨道，再通过飞行器的多次点火加力将有效载荷送入目标轨道。

轨道转移飞行器具有机动性强，任务适应性好等特点。以发射卫星为例，轨道转移飞行器的优势主要体现在三个方面：一是能够实现一箭多星发射和多星部署，降低发射成本，提高发射效率；二是能够实现卫星直接入轨，缩短卫星入轨时间；三是降低对卫星动力系统要求，增加了卫星有效载荷量，提高了卫星的适应性。轨道转移飞行器已经成为目前世界航天大国竞相发展的热点，其在空间运输、在轨服务、空间碎片清理等方面具有广阔的应用前景。它的功能已经发展到从低地球轨道到地球同步转移轨道、地球同步轨道、太阳同步轨道、地/月转移轨道和地/火转移轨道等各种轨道的有效载荷运送，并成为在轨机动、飞行器返回地球等航天活动的主角。

由于在轨时间长，工作环境复杂多变，因此轨道转移飞行器对导航与制导系统的要求大幅提高。轨道转移飞行器的研究内容包括以下三个方面。

1.1 导航技术

轨道转移飞行器涉及的导航手段包括惯性导航、卫星导航和天文导航。其中,惯性导航系统是一种自主式导航系统,不需要接收任何外界信息,它的工作时间贯穿整个飞行过程。惯性导航系统在正式工作之前必须先进行调整,以使得导航平台所描述的平台坐标系与导航坐标系重合,为导航计算机正式工作提供正确的初始条件,如给定初始速度、初始位置等,这些工作统称为初始对准。

惯性导航系统由于导航解算中的积分原理,器件误差导致的导航误差会随时间累计,难以满足轨道转移飞行器远程、长时间运动的高精度导航要求。卫星导航是在无线电技术的基础上,伴随航天技术发展而形成的一种天基无线电导航系统。其优点是导航误差不随时间积累,可全天时、全天候工作,在有卫星信号的低轨段是对惯性导航系统的有效纠偏和辅助手段。

当轨道转移飞行器处于中高轨道时,导航卫星信号较弱,卫星导航技术不再适用。天文导航利用天体敏感器测量得到的天体信息进行导航,天文导航技术不与外界进行信息传输和交换、不依赖于地面设备,且导航误差不随时间积累,因此将惯性导航和天文导航进行组合,是轨道转移飞行器在卫星导航信号不可用情况下保证导航系统精度和高度自主性的重要手段。轨道转移飞行器一般只配置星敏感器提高姿态精度,对提高定轨精度没有帮助,又由于此时无法接收导航卫星信号,惯导积分误差较大,无法精确定轨,可采用轨道预报技术确定轨道。

1.2 制导技术

轨道转移飞行器的制导(也称轨道控制)是指利用变轨发动机对飞行器的质心施加外力以改变其运动轨迹的技术。轨道转移飞行器由初始轨道进入目标轨道,需要由变轨发动机产生推力,使其首先进入预定的转移轨道,飞行器在转移轨道上自由飞行,当运动到转移轨道末段时,同样利用变轨发动机产生推力,使飞行器从转移轨道进入目标轨道。

在理想情况下,飞行器完成所设计的轨道机动后就可以进入目标轨道。但是在实际飞行过程中,由于非球形地球引力、日月引力、大气阻力、太阳光压等因素的影响，以及存在入轨误差、导航误差和发动机推力偏差等问题，使得飞行器的实际转移轨道不可避免地会偏离设计轨道，为保证最终进入目标轨道的精度，首先要对飞行器进行轨道预报。轨道预报就是利用观测数据确定轨道初值，进而根据飞行器的运动学微分方程，预测飞行器在一段时间内的位置和速度。

当入轨时刻的位置和速度与设计值偏差较大时，就需要利用中途修正技术对飞行器轨道施加机动进行修正，主要包括修正次数和修正时机的确定。

1.3 惯性器件冗余容错与故障重构技术

由于轨道转移飞行器在轨工作时间长，惯性导航系统的可靠性要求越来越高，冗余容错加重构方法是提高可靠性的有效措施。当系统出现故障时，可通过冗余的部件和算法对故障进行检测和重构，达到吸收或隔离故障的目的。随着控制理论和计算机技术的发展，采用冗余技术提高惯性导航系统的工作可靠性，已成为导航技术发展方向的研究热点之一。

轨道转移飞行器可满足不同发射任务的需求，大大提高了火箭发射任务的灵活性，因此受到了国外航天强国的普遍重视。美苏早在20世纪50年代末和60年代就分别开始发展轨道转移飞行器，即上面级技术，先后开发出数十种先进上面级。后来，欧洲也研制了性能高和适应性好的上面级，具有较强的市场竞争力。

我国从20世纪90年代初开始研制上面级，远征一号是我国首次采用液体推进剂的上面级，在轨工作时间达6.5h。2015年3月30日，在西昌卫星发射中心，远征一号上面级由长征三号丙运载火箭发射升空，通过自主多次变轨，成功将首颗新一代北斗导航卫星送入地球同步轨道，意味着我国真正意义上的“太空摆渡车”开始太空之旅。并于同年7月25日，将两颗北斗卫星送入轨道，实现了一箭双星发射，标志着北斗卫星导航系统向全球覆盖的建设目标迈出坚实一步。

第 2 章　轨道转移飞行器控制系统建模及硬件组成

2.1　引　言

轨道转移飞行器导航与制导系统设计是以控制对象的动力学方程和运动学方程为基础来进行的。本章以轨道转移飞行器为控制对象，定义坐标系系统，分析作用在飞行器上的力，建立起动力学运动方程，并介绍了飞行器控制系统的硬件组成。

2.2　坐标系系统

2.2.1　本体坐标系（*b* 系）

本体坐标系 $OX_bY_bZ_b$ 的定义：本体坐标系是固连于飞行器并随着飞行器运动的一种动坐标系，它的原点位于飞行器的质心，OX_b 轴在飞行器对称平面内，平行于机身轴线指向前，OZ_b 轴也在对称平面内，垂直于 OX_b 轴指向下，OY_b 轴垂直于对称平面指向右。

2.2.2　地心惯性坐标系（*i* 系）

地心惯性坐标系 $OX_iY_iZ_i$ 的定义：该坐标系的原点在地心处，OX_i 轴在赤道面内指向平春分点，OZ_i 轴垂直于赤道平面，与地球自转方向重合，OY_i 轴根据右手坐标系确定。

2.2.3　发射坐标系（l 系）

发射惯性坐标系 $OX_lY_lZ_l$ 的定义：坐标原点与发射点重合，OX_l 轴在发射点水平面内指向发射瞄准方向，OY_l 轴垂直于发射点水平指向上方，OZ_l 与 OX_lY_l 平面垂直并构成右手坐标系。由于发射点随地球一起旋转，所以发射坐标系为一动坐标系。

2.2.4　发射惯性坐标系（a 系）

发射惯性坐标系 $OX_aY_aZ_a$ 的定义：飞行器起飞瞬间，原点与发射点重合，各坐标轴与发射坐标系各轴相重合。飞行器起飞后原点及坐标系各轴方向在惯性空间保持不动。

2.2.5　入轨点轨道坐标系（o 系）

入轨点轨道坐标系 $OX_oY_oZ_o$：原点选在地心，OY_o 轴为地心与入轨点的连线，向上为正（远离地心），OX_o 轴与 OY_o 轴垂直，并且与入轨点当地水平面平行，指向为飞行器运动方向，OZ_o 轴与 OX_o 轴、OY_o 轴成右手定则。

2.2.6　坐标系转换关系

1. 发射坐标系到发射惯性坐标系

发射坐标系到发射惯性坐标系的转换矩阵为

$$\boldsymbol{A}_l^a=\boldsymbol{D}^{\mathrm{T}}\cdot\boldsymbol{M}_Z^{\mathrm{T}}(\omega_0 t)\cdot\boldsymbol{D}\tag{2.2.1}$$

式中：上角标 T 代表转置；$\boldsymbol{M}_Z$ 代表绕 Z 轴旋转对应的转换矩阵；ω_0 为地球自转角速度；$\boldsymbol{D}$ 为与发射方位角 A_0 与发射纬度 B_0 有关的矩阵。

2. 发射惯性坐标系到入轨点轨道坐标系

其转换矩阵为

$$\boldsymbol{A}_a^o=\boldsymbol{M}_Z(-U)\cdot\boldsymbol{M}_Y(i)\cdot\boldsymbol{M}_Z(-\Delta\Omega)\cdot\boldsymbol{M}_Y(-90°)\cdot\boldsymbol{M}_Z(B_0)\cdot\boldsymbol{M}_Y(A_0)\tag{2.2.2}$$

式中：$\Delta\Omega$ 为升交点赤经 Ω 与发射惯性坐标系 OY 轴赤经的差；i 为轨道倾角；U 为地心角，即纬度幅角。

3. 发射惯性坐标系到本体坐标系

其转换矩阵为

$$\boldsymbol{A}_a^b = \boldsymbol{M}_X(\gamma) \cdot \boldsymbol{M}_Y(\psi) \cdot \boldsymbol{M}_Z(\varphi) \tag{2.2.3}$$

式中：φ 为俯仰角；ψ 为偏航角；γ 为滚转角。

4. 地心惯性坐标系到发射惯性坐标系

其转换矩阵为

$$\boldsymbol{A}_i^a = \boldsymbol{M}_Y(-90° - A_0) \cdot \boldsymbol{M}_X(B_0) \cdot \boldsymbol{M}_Z(\lambda_0 - 90°) \cdot \boldsymbol{M}_Z(\Omega_G) \tag{2.2.4}$$

式中，Ω_G 为地心惯性坐标系和地心坐标系 X 轴之间的夹角（与发射时刻有关）。

2.3 力学模型

在分析轨道转移飞行器受力情况时将其看作质点，质心动力学方程为

$$m\frac{\mathrm{d}\boldsymbol{v}_a}{\mathrm{d}t} = \boldsymbol{G} + \boldsymbol{G}_2 + \boldsymbol{P} \tag{2.3.1}$$

式中：m 为飞行器质量；$\boldsymbol{v}_a$ 为飞行器质心的绝对速度矢量；所受合外力有地球引力 $\boldsymbol{G}$、日月摄动引力 $\boldsymbol{G}_2$ 和发动机推力 $\boldsymbol{P}$。当发动机不工作时，飞行器受到的外力只有地球引力和日月摄动引力。

在轨道转移飞行器的飞行高度范围内，地球引力是重要的外力，飞行器所受地球引力的大小与轨道高度相关。

飞行器在绕地球运行时，不但受到中心引力体地球的影响，还受到月球、太阳引力的影响。这里把中心天体之外的其他天体称为摄动天体，飞行器称为被摄动体，中心天体和被摄动体看作质点。

轨道转移飞行器的控制力由主发动机提供，主发动机根据控制指

令完成点火动作,产生推力改变轨道转移飞行器的飞行轨迹,实现变轨和制动任务。在主发动机点火之前,需要调整飞行器姿态来修正发动机推力方向,调整姿态任务由姿态控制(简称姿控)喷管完成。

此外,飞行器还会受到稀薄的大气阻力、太阳辐射压力、潮汐摄动和第三体引力摄动等外力,由于这些外力与上述三种力相比非常小,因此通常忽略这些摄动力的影响。

2.4　运动方程

2.4.1　质心动力学和运动学方程

将质心动力学方程建立在发射惯性坐标系中,不做推导直接给出,即

$$m\begin{bmatrix}\dfrac{\mathrm{d}v_{ix}}{\mathrm{d}t}\\ \dfrac{\mathrm{d}v_{iy}}{\mathrm{d}t}\\ \dfrac{\mathrm{d}v_{iz}}{\mathrm{d}t}\end{bmatrix}=\boldsymbol{A}_b^i\begin{bmatrix}F+F_{cx}\\ F_{cy}\\ F_{cz}\end{bmatrix}+m\frac{g_r}{r}\begin{bmatrix}x_i\\ y_i\\ z_i\end{bmatrix}+m\frac{g_{\omega 0}}{\omega_0}\begin{bmatrix}\omega_{0ix}\\ \omega_{0iy}\\ \omega_{0iz}\end{bmatrix}\tag{2.4.1}$$

式中:F 为发动机推力,假设为常值;$[F_{cx}\ \ F_{cy}\ \ F_{cz}]^{\mathrm{T}}$ 为姿控发动机推力;$m\dfrac{g_r}{r}[x_i\ \ y_i\ \ z_i]^{\mathrm{T}}+m\dfrac{g_{\omega 0}}{\omega_0}[\omega_{0ix}\ \ \omega_{0iy}\ \ \omega_{0iz}]^{\mathrm{T}}$ 为考虑地球为椭球体时,引力加速度在发射惯性坐标系下的分量。

质心运动方程为

$$\begin{cases}\dfrac{\mathrm{d}x_i}{\mathrm{d}t}=v_{ix}\\ \dfrac{\mathrm{d}y_i}{\mathrm{d}t}=v_{iy}\\ \dfrac{\mathrm{d}z_i}{\mathrm{d}t}=v_{iz}\end{cases}\tag{2.4.2}$$

2.4.2 绕质心动力学和运动学方程

将绕质心转动动力学方程建立在体坐标系下,不做推导直接给出,即

$$\begin{bmatrix} I_{bx} & 0 & 0 \\ 0 & I_{by} & 0 \\ 0 & 0 & I_{bz} \end{bmatrix} \begin{bmatrix} \dot{\omega}_{bx} \\ \dot{\omega}_{by} \\ \dot{\omega}_{bz} \end{bmatrix} = -\begin{bmatrix} (I_{bz}-I_{by})\omega_{bz}\omega_{by} \\ (I_{bx}-I_{bz})\omega_{bx}\omega_{bz} \\ (I_{by}-I_{bx})\omega_{by}\omega_{bx} \end{bmatrix} + \begin{bmatrix} M_{bx} \\ M_{by} \\ M_{bz} \end{bmatrix} \tag{2.4.3}$$

式中:$\begin{bmatrix} I_{bx} & 0 & 0 \\ 0 & I_{by} & 0 \\ 0 & 0 & I_{bz} \end{bmatrix}$为轨道转移飞行器在体坐标系下的惯量矩阵;$[\dot{\omega}_{bx} \quad \dot{\omega}_{by} \quad \dot{\omega}_{bz}]^{\mathrm{T}}$为轨道转移飞行器的角加速度在体坐标系下的分量;$[\omega_{bx} \quad \omega_{by} \quad \omega_{bz}]^{\mathrm{T}}$为轨道转移飞行器的角速度在体坐标系下的分量;$[M_{bx} \quad M_{by} \quad M_{bz}]^{\mathrm{T}}$为轨道转移飞行器的控制执行机构产生的控制力矩。

绕质心转动运动学方程为

$$\begin{bmatrix} \dot{\gamma} \\ \dot{\theta} \\ \dot{\psi} \end{bmatrix} = \begin{bmatrix} 1 & -\cos\gamma\tan\psi & \sin\gamma\tan\psi \\ 0 & \cos\gamma/\cos\psi & -\sin\gamma/\cos\psi \\ 0 & \sin\gamma & \cos\gamma \end{bmatrix} \begin{bmatrix} \omega_{bx} \\ \omega_{by} \\ \omega_{bz} \end{bmatrix} \tag{2.4.4}$$

2.4.3 轨道根数

飞行器的位置速度信息除采用式质心运动学方程的数值积分表示外,还可以采用轨道根数的解析方式表示。与位置和速度矢量相对应的6个轨道根数为半长轴 a、偏心率 e、轨道倾角 i、升交点赤经 Ω、近地点幅角 ω、偏近点角 E,基本方程为

$$
\begin{cases}
\dfrac{\mathrm{d}a}{\mathrm{d}t}=\dfrac{2}{n\sqrt{1-e^2}}[e(S\sin f+T\cos f)+T] \\
\dfrac{\mathrm{d}e}{\mathrm{d}t}=\dfrac{\sqrt{1-e^2}}{na}[(S\sin f+T\cos f)+T\cos E] \\
\dfrac{\mathrm{d}i}{\mathrm{d}t}=\left(\dfrac{rW}{na^2\sqrt{1-e^2}}\right)\cos(f+\omega) \\
\dfrac{\mathrm{d}\Omega}{\mathrm{d}t}=\left(\dfrac{rW}{na^2\sqrt{1-e^2}\sin i}\right)\sin(f+\omega) \\
\dfrac{\mathrm{d}\omega}{\mathrm{d}t}=-\cos i\dfrac{\mathrm{d}\Omega}{\mathrm{d}t}+\dfrac{1}{nae}[\sqrt{1-e^2}(-S\cos f+T\sin f)+T\sin E] \\
\dfrac{\mathrm{d}E}{\mathrm{d}t}=\dfrac{a}{r}\left[n-\sqrt{1-e^2}\left(\dfrac{\mathrm{d}\omega}{\mathrm{d}t}+\cos i\dfrac{\mathrm{d}\Omega}{\mathrm{d}t}\right)+\sin E\left(\dfrac{\mathrm{d}e}{\mathrm{d}t}\right)\right]-\dfrac{2}{na}S
\end{cases}
\tag{2.4.5}
$$

式中：$n=\sqrt{\mu}a^{-3/2}$，μ 为地心引力常数；f 为真近点角，$\sin f$ 和 $\cos f$ 可由 $\sin E$ 和 $\cos E$ 给出，即

$$
\begin{cases}
r\sin f=a\sqrt{1-e^2}\sin E \\
r\cos f=a(\cos E-e) \\
r=a(1-e\cos E)
\end{cases}
\tag{2.4.6}
$$

S、T、W 为加速度矢量的三个分量，与所受合外力的关系为

$$
S=\boldsymbol{F}\cdot\hat{\boldsymbol{r}},T=\boldsymbol{F}\cdot\hat{\boldsymbol{t}},W=\boldsymbol{F}\cdot\hat{\boldsymbol{w}}
\tag{2.4.7}
$$

其中：$\hat{\boldsymbol{r}}$、$\hat{\boldsymbol{t}}$、$\hat{\boldsymbol{w}}$ 分别为径向、横向、轨道面法向的单位矢量，且有

$$
\begin{cases}
\hat{\boldsymbol{r}}=\cos u\hat{\boldsymbol{P}}_*+\sin u\hat{\boldsymbol{Q}}_* \\
\hat{\boldsymbol{t}}=-\sin u\hat{\boldsymbol{P}}_*+\cos u\hat{\boldsymbol{Q}}_* \\
\hat{\boldsymbol{w}}=\hat{\boldsymbol{r}}\times\hat{\boldsymbol{t}}
\end{cases}
\tag{2.4.8}
$$

这里：$u=f+w$；单位矢量 $\hat{\boldsymbol{P}}_*$ 和 $\hat{\boldsymbol{Q}}_*$ 的表达式为

$$
\hat{\boldsymbol{P}}_*=\begin{pmatrix}\cos\Omega\\ \sin\Omega\\ 0\end{pmatrix},\hat{\boldsymbol{Q}}_*=\begin{pmatrix}-\sin\Omega\cos i\\ \cos\Omega\cos i\\ \sin i\end{pmatrix}
\tag{2.4.9}
$$

2.5 控制系统硬件组成

轨道转移飞行器控制系统的硬件一般由惯性测量组合、GNSS信号接收机、天体敏感器、箭载计算机和姿/轨控发动机等组成，如图2.5.1所示。惯性测量组合利用惯性仪表(陀螺仪和加速度计)构成状态测量系统，在飞行过程中自主确定飞行器的位置、速度和姿态信息。GNSS信号接收机接收卫星提供的导航信息，天体敏感器观测天体得到的飞行器导航信息，箭载计算机将各路测量信息进行分析、判别和解算，计算出飞行器的姿态、速度和位置等导航参数，形成控制指令，控制姿/轨控发动机实现预定的调姿和轨道运动任务。

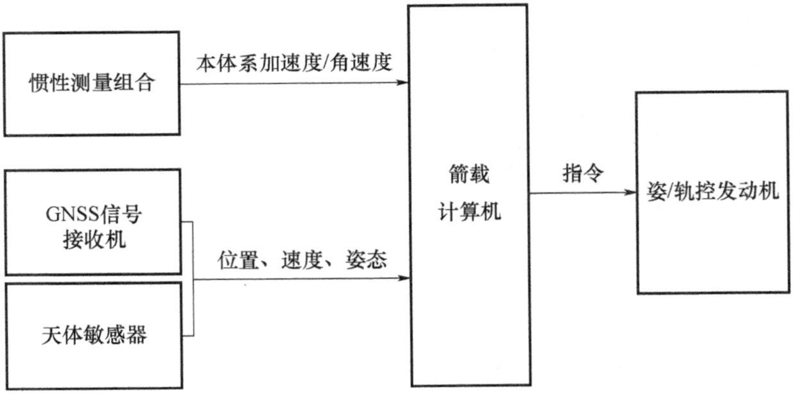

图2.5.1 轨道转移飞行器硬件组成

参考文献

[1] 李学峰，王青，王辉，等．运载火箭飞行控制系统设计与验证[M]．北京：国防工业出版社，2014.

[2] 刘海颖，王慧南，陈志明．卫星导航原理与应用[M]．北京：国防工业出版社，2013.

[3] 房建成，宁晓琳．天文导航原理及应用[M]．北京：北京航空航天大学出版社，2006.

[4] 夏康. 高可靠并行星载计算机硬件容错技术研究[D]. 上海:上海交通大学, 2013.
[5] 单斌, 缪栋. 捷联惯性测量组合的冗余设计和优化[J]. 导弹与航天运载技术, 2004 (3): 25 - 29.
[6] 岳明桥, 王天泉. 激光陀螺仪的分析及发展方向[J]. 飞航导弹, 2005 (12): 46 - 48.
[7] 周世勤. 新型惯性技术的发展[J]. 飞航导弹, 2001 (6): 70 - 77.
[8] 秦永元. 惯性导航[M]. 北京:科学出版社, 2006.
[9] 吕新知. GNSS 接收机与惯导深耦合技术研究[D]. 成都:电子科技大学, 2013.
[10] 陈希军,张译,史话. 基于恒星敏感器的姿态确定算法研究[J]. 控制工程, 2008,15 (3): 253 - 256.
[11] Otiver Montenbruck, Eberhard Gill. 卫星轨道模型方法和应用[M]. 王家松, 祝开建, 胡小工,译. 北京:国防工业出版社,2012.
[12] 王威, 于志坚. 航天器轨道确定: 模型与算法[M]. 北京:国防工业出版社, 2007.
[13] 张利宾. 火箭上面级导航、中途修正与姿态控制研究[D]. 哈尔滨:哈尔滨工业大学, 2010.
[14] 于永江. 上面级制导方法研究[D]. 哈尔滨:哈尔滨工业大学,2009.
[15] 杨嘉墀,范秦鸿,张云彤,等. 航天器轨道动力学与控制: 上[M]. 北京:宇航出版社, 1999.
[16] 章仁为. 卫星轨道姿态动力学与控制[M]. 北京:北京航空航天大学出版社, 1998.

第3章 轨道预报技术

3.1 引　言

轨道转移飞行器通过选择合适的变轨点完成变轨任务，这样可以节省燃料。在变轨之前通常要经过较长时间的大椭圆轨道无动力自由滑行，在滑行过程中，由于滑行时间较长，惯性导航的误差随时间累积；同时当轨道到一定高度时，卫星导航信号可用性变差，飞行器无法利用惯性/卫星组合导航实时获得精确的位置和速度信息；为此需要利用轨道预报技术来确定飞行器的导航参数。

轨道预报是指在轨道初值确定的前提下，根据飞行器的运动微分方程模型，来预测飞行器在未来一段时间内的位置和速度（或轨道根数）。如果初值以及所采用的数学模型是准确的，直接对微分方程进行积分就可以给出飞行器运动状态的预测。

在获得较准确的有关参数和初值后，为实现飞行器轨道预报，目前主要有两种方法：一种是解析法，首先通过分析得到影响轨道运动的主要干扰力的解析表达式，然后根据解析表达式对轨道进行预报；另一种是数值法，该方法不需要得出轨道运动的解析表达式，而是首先建立影响轨道运动的详细的动力学模型，然后采用特定的数值迭代算法进行递推得到轨道预报值，典型代表是 Adams 方法、Cowell 方法和 Runge - Kutta 方法等。

3.2 数值积分方法

数值积分是基于轨道运动微分方程和确定的初值，一步一步地积分出下一时刻飞行器瞬时轨道根数或者位置和速度，只要积分的步长和阶数取的合适，一般可以得到理想的精度。现用于飞行器轨道预报的数值积分算法有 Adams 方法、Cowell 方法和 Runge - Kutta(R - K)方法等。不同的数值积分算法的区别只是在于方法误差。

3.2.1 数值积分方法基本原理

已知一个常微分方程及初值为

$$\begin{cases} \dot{y} = f(t, y) \\ y(t_0) = y_0 \end{cases} \tag{3.2.1}$$

对于轨道预报来说，式(3.2.1)中的 y 即为状态量(位置速度或者轨道根数)。对式(3.2.1)两边积分，可得

$$y(t) = y(t_0) + \int_{t_0}^{t} f(t, y)\mathrm{d}t \tag{3.2.2}$$

在 $t = t_0, t_1, \cdots, t_{m+1}$时的连续解为

$$\begin{aligned} y(t_{m+1}) &= y(t_0) + \int_{t_0}^{t_{m+1}} f(t, y)\mathrm{d}t \\ &= y(t_m) + \int_{t_m}^{t_{m+1}} f(t, y)\mathrm{d}t \end{aligned} \tag{3.2.3}$$

令

$$q_m = \int_{t_m}^{t_{m+1}} f(t, y)\mathrm{d}t \tag{3.2.4}$$

则

$$y(t_{m+1}) = y(t_m) + q_m \tag{3.2.5}$$

或表示为

$$y_{m+1} = y_m + q_m \tag{3.2.6}$$

式(3.2.5)和式(3.2.6)即为该系统的差分方程。

数值积分方法就是寻求初值问题式(3.2.1)的解在一系列离散点 $t_0,t_1,\cdots,t_m,t_{m+1}$ 的近似解 $y_1,y_2,\cdots,y_m,y_{m+1}$(数值解)。相邻两个离散点的间距 $h=t_{m+1}-t_m$,称为计算步长或步距。根据已知的初始条件 y_0,可逐步递推计算出以后各时刻的数值 Y_i,采用不同的递推算法,就出现了各种各样的数值积分方法。

3.2.2　常用数值积分方法

1. Adams 方法

1) 显式公式

对轨道动力学微分方程两端求积,从 t_n 积分到 t_{n+1},就得到等价的积分方程为

$$x(t_{n+1}) = x(t_n) + \int_{t_n}^{t_{n+1}} f(t,x(t))\mathrm{d}t \tag{3.2.7}$$

可用插值多项式代替式(3.2.7)右端的被积函数,从而使其离散化以得到数值公式。这里采用牛顿后差公式,记

$$\nabla^m f_n = \sum_{l=0}^{m} (-1)^l \binom{m}{l} f_{n-l} \tag{3.2.8}$$

式中:∇为向后差分算子,有

$$\begin{cases} \nabla f_n = \nabla f(x_n) = f(x_n) - f(x_n - h) \\ \nabla^2 f_n = \nabla f(x_n) - \nabla f(x_n - h) \\ \qquad = f(x_n) - 2f(x_n - h) + f(x_n - 2h) \\ \qquad \cdots\cdots \end{cases} \tag{3.2.9}$$

相应的函数 f 的向后插值多项式为

$$P(t) = \sum_{m=0}^{k-1} (-1)^m \binom{-s}{m} \nabla^m f_n \tag{3.2.10}$$

这里是用 k 个插值点。辅助变量 s 由下式定义:

$$s = \frac{t - t_n}{h} \tag{3.2.11}$$

相应的有

$$s+1=\frac{t-t_n}{h}+1=\frac{t-t_{n-1}}{h},\cdots,s+m-1=\frac{t-t_{n-m+1}}{h} \quad (3.2.12)$$

$\begin{pmatrix}-s\\m\end{pmatrix}$为广义二项式系数,可表示为

$$\begin{pmatrix}-s\\m\end{pmatrix}=(-1)^m\begin{pmatrix}s+m-1\\m\end{pmatrix} \quad (3.2.13)$$

将插值多项式(3.2.10)代入 Adams 显式公式(3.2.7),可得

$$x_{n+1}=x_n+h\sum_{m=0}^{k-1}\left[\int_{t_n}^{t_{n+1}}\frac{1}{h}(-1)^m\begin{pmatrix}-s\\m\end{pmatrix}\mathrm{d}t\right]\nabla^m f_n \quad (3.2.14)$$

式(3.2.14)可写为

$$x_{n+1}=x_n+h\sum_{m=0}^{k-1}\gamma_m\nabla^m f_n \quad (3.2.15)$$

式中

$$\gamma_m=\int_{t_n}^{t_{n+1}}\frac{1}{h}(-1)^m\begin{pmatrix}-s\\m\end{pmatrix}\mathrm{d}t=\int_0^1\begin{pmatrix}s+m-1\\m\end{pmatrix}\mathrm{d}s$$

则 Adams 显式公式为

$$x_{n+1}=x_n+h\sum_{l=0}^{k-1}\beta_{kl}f_{n-l},k=1,2,\cdots \quad (3.2.16)$$

式中

$$\begin{aligned}\beta_{kl}&=(-1)^l\sum_{m=l}^{k-1}\begin{pmatrix}m\\l\end{pmatrix}\gamma_m\\&=(-1)^l\left[\begin{pmatrix}l\\l\end{pmatrix}\gamma_l+\begin{pmatrix}l+1\\l\end{pmatrix}\gamma_{l+1}+\cdots+\begin{pmatrix}k-1\\l\end{pmatrix}\gamma_{k-1}\right]\end{aligned}$$

2）隐式公式

依照 Adams 显式公式的推导过程,得到 Adams 隐式公式为

$$x_{n+1}=x_n+h\sum_{l=0}^{k-1}\beta_{kl}^{*}f_{n+1-l},k=1,2,\cdots \quad (3.2.17)$$

式中

$$\beta_{kl}^{*} = (-1)^{l}\sum_{m=l}^{k-1}\binom{m}{l}\gamma_{m}^{*},\ \sum_{i=0}^{m}\gamma_{i}^{*} = \gamma_{m},m = 0,1,2,\cdots$$

2. Cowell 方法

Cowell 方法用于求解下列二阶方程初值问题：

$$\dot{x}_n\begin{cases}\ddot{x} = f(x,t)\\ x(t_0) = x_0,\dot{x}(t_0) = \dot{x}_0\end{cases} \tag{3.2.18}$$

在每一步计算中，只需直接给出 x_n 而不必去算 $\dot{x}_n$，这比将二阶方程写为一阶方程组后用 Adams 方法求解数值解更简便一些。

用于处置问题的多步法计算公式与 Adams 显式公式不一样，其一般形式为

$$\alpha_k x_{n+k} + \alpha_{k-1}x_{n+k-1} + \cdots + \alpha_0 x_n = h^2(\beta_k f_{n+k} + \beta_{k-1}f_{n+k-1} + \cdots + \beta_0 f_n) \tag{3.2.19}$$

1）显式公式

对 Cowell 问题的微分方程求积，可得

$$\dot{x}(t) = \dot{x}(t_n) + \int_{t_n}^{t} f(t,x(t))\mathrm{d}t \tag{3.2.20}$$

再积分式(3.2.20)两端，分别从 t_n 积分到 t_{n+1} 和 t_n 积分到 t_{n-1}，可得

$$\begin{cases}x(t_{n+1}) = x(t_n) + h\dot{x}(t_n) + \int_{t_n}^{t_{n+1}}\int_{t_n}^{t} f(t,x(t))\mathrm{d}t^2\\ x(t_{n-1}) = x(t_n) - h\dot{x}(t_n) + \int_{t_n}^{t_{n-1}}\int_{t_n}^{t} f(t,x(t))\mathrm{d}t^2\end{cases} \tag{3.2.21}$$

由式(3.2.21)可消去 $\dot{x}(t_n)$，最后得到等价的积分过程，即

$$x(t_{n+1}) - 2x(t_n) + x(t_{n-1}) = \int_{t_n}^{t_{n+1}}\int_{t_n}^{t} f(t,x(t))\mathrm{d}t^2 + \int_{t_n}^{t_{n-1}}\int_{t_n}^{t} f(t,x(t))\mathrm{d}t^2 \tag{3.2.22}$$

用插值多项式代替被积函数，即可给出离散化后的数值公式。类

似 Adams 显式公式的推导过程,可得

$$x_{n+1} = 2x_n - x_{n-1} + h^2 \sum_{l=0}^{k-1} \alpha_{kl} f_{n-l}, k = 1,2,\cdots \tag{3.2.23}$$

式中

$$\alpha_{kl} = (-1)^l \sum_{m=l}^{k-1} \binom{m}{l} \sigma_m = (-1)^l \left[\binom{l}{l} \sigma_l + \binom{l+1}{l} \sigma_{l+1} + \cdots + \binom{k-1}{l} \sigma_{k-1} \right]$$

$$\begin{cases} s_0 = 1 \\ s_m = -\sum_{i=1}^{m} \dfrac{s_{m-1}}{i+1} \\ \sigma_0 = s_0 \\ \sigma_m = (1-m) s_m, m = 1,2,\cdots \end{cases}$$

2）隐式公式

仿照建立 Adams 隐式公式的方法,容易给出

$$x_{n+1} = 2x_n - x_{n-1} + h^2 \sum_{l=0}^{k-1} \alpha_{kl}^* f_{n+1-l}, k = 1,2,\cdots \tag{3.2.24}$$

式中

$$\alpha_{kl}^* = (-1)^l \sum_{m=l}^{k-1} \binom{m}{l} \sigma_m^*$$

其中

$$\begin{cases} \sigma_0^* = s_0 \\ \sigma_m^* = s_m - s_{m-1}, m = 1,2,\cdots \end{cases} \tag{3.2.25}$$

隐式公式常与显式公式联合使用,即由显式公式提供一个近似值 $x_{n+1}^{(0)}$ 作为了预估(PE),再用隐式公式进行校正(CE),从而得到所需要的 x_{n+1} 值。

3. Runge – Kutta 方法

Runge – Kutta(R – K)方法由于迭代简单、收敛区间大、适用范围大,所以在轨道预报中得到了广泛应用。经典的方法是四阶 R – K 方法。

1）四阶 R – K 方法

由 t_0 时刻的 y_0,可以利用一阶泰勒展开估计出 $t_0 + h$ 时刻的值:

$$y(t_0+h)\approx y_0+h\dot{y}_0=y_0+hf(t_0,y_0) \tag{3.2.26}$$

这种方法是欧拉法，由 t_0 时刻的 y_0 可以推算出下一时刻 t_0+h 的值，由此递推可算出时刻 $t_i=t_0+ih(i=1,2,\cdots)$ 的值。欧拉法的缺点是为了保证积分的精度，需要很小的积分步长。

四阶 R－K 积分表示为

$$y_{n+1}=y_n+\frac{1}{6}(K_1+2K_2+2K_3+K_4) \tag{3.2.27}$$

式中

$$\begin{cases}K_1=hf(t_n,y_n)\\K_2=hf\left(t_n+\dfrac{h}{2},y_n+\dfrac{1}{2}K_1\right)\\K_3=hf\left(t_n+\dfrac{h}{2},y_n+\dfrac{1}{2}K_2\right)\\K_4=hf(t_n+h,y_n+K_3)\end{cases}$$

2）连续化方法

前面讲述的步长选择方法没有考虑到实际轨道预报时要求输出一些特定点的轨道数值。这就和依据内嵌法进行补偿选择得到的结果相矛盾。步长减小，利用 R－K 方法求解效率就会变得非常低。解决这种问题的方法是采用大步长加插值的方法。插值的方法有很多，如多项式插值、样条插值、Hermite 插值等。其中，Hermite 插值不仅通过已知点，还和在已知点上的速率相同。

五阶 Hermite 插值公式为

$$\begin{aligned}y(t+\theta h)=&d_0(\theta)y_0+d_1(\theta)hf_0+d_2(\theta)y_1+d_3(\theta)hf_1\\&+d_4(\theta)y_2+d_5(\theta)hf_2,0<\theta<1\end{aligned} \tag{3.2.28}$$

式中

$$\begin{cases}f_0=f(t,y_0)\\f_1=f(t+h,y_1)\\f_2=f(t+2h,y_2)\end{cases} \tag{3.2.29}$$

$$\begin{cases} d_0 = \frac{1}{4}(\theta-1)^2(\theta-2)^2(1+3\theta) \\ d_1 = \frac{1}{4}\theta(\theta-1)^2(\theta-2)^2 \\ d_2 = \theta^2(\theta-2)^2 \\ d_3 = \theta^2(\theta-1)(\theta-2)^2 \\ d_4 = \frac{1}{4}\theta^2(\theta-1)^2(7-3\theta) \\ d_5 = \frac{1}{4}\theta^2(\theta-2)(\theta-1)^2 \end{cases} \tag{3.2.30}$$

这样的积分插值方法使得星历计算时选取较大的步长仍能保持轨道计算的精度，从而大大提高了计算效率。

3.3 仿真结果分析

本节给出轨道预报仿真实例，相关仿真参数：地心引力常数 $\mu = 3986005 \times 10^8 \text{m}^3/\text{s}^2$，地球平均赤道半径 $r_e = 6378140\text{m}$，大地经度 $\lambda_0 = 110.95°$，大地纬度 $B_0 = 19.61°$，大地方位角 $A_0 = 127.8°$，高程 $H_0 = 10.44\text{m}$，轨道转移飞行器在发射惯性坐标系下的位置和速度信息为

$$X_0 = [4052.2781;\ -1153.2004;\ -103.1912;\ 8.2974;\ -5.5711055;\ 0.3985626]\ (\text{km},\text{km/s})$$

将其转换到赤道惯性坐标系下得到初始位置和速度为

$$X_0 = [-5096.0268;4186.3045;\ -526.4123;\ -4.66123;\ -5.460595;\ -6.964057]\ (\text{km},\text{km/s})$$

摄动项仅考虑地球非球形引力，地球引力摄动系数 $J_2 = 1.08163 \times 10^{-3}$，数值积分算法选择四阶 R－K 方法，仿真步长为 0.02s，仿真时长为 2000s，飞行器在无动力情况下自主滑行。仿真结果曲线如图 3.3.1 ~ 图 3.3.6所示。

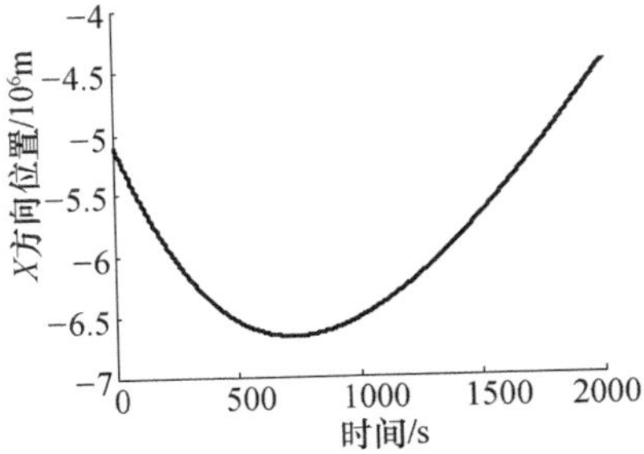

图 3.3.1 *X* 方向位置曲线

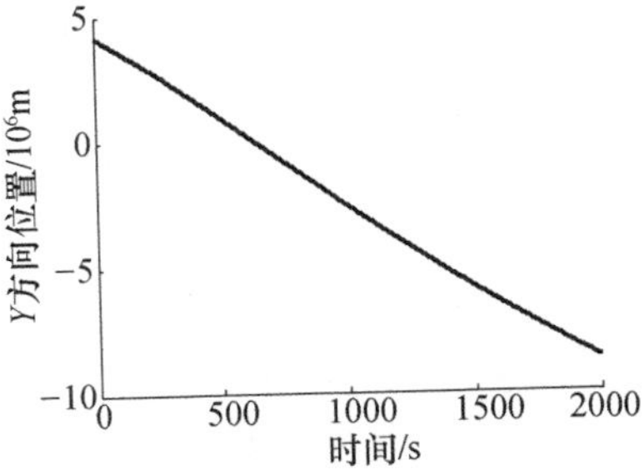

图 3.3.2 *Y* 方向位置曲线

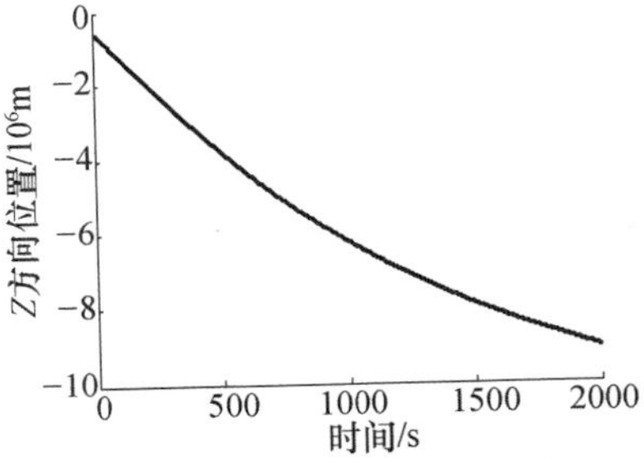

图 3.3.3 *Z* 方向位置曲线

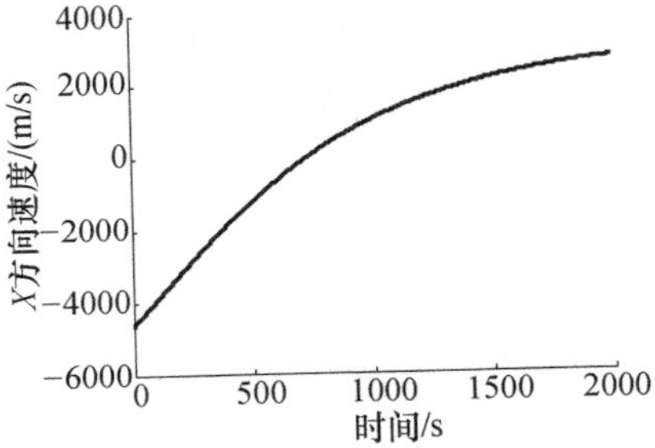

图 3.3.4 *X* 方向速度曲线

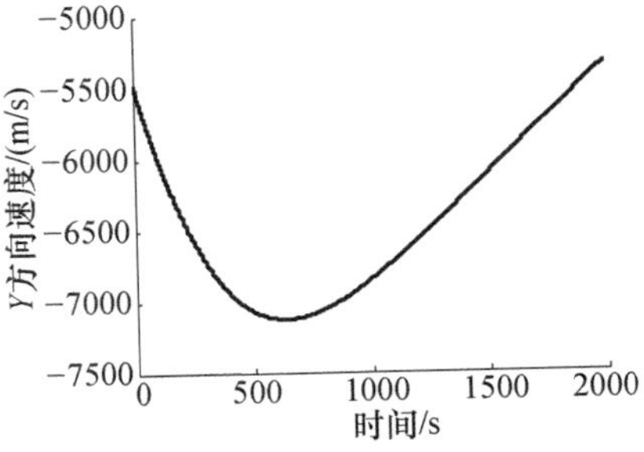

图 3.3.5 *Y* 方向速度曲线

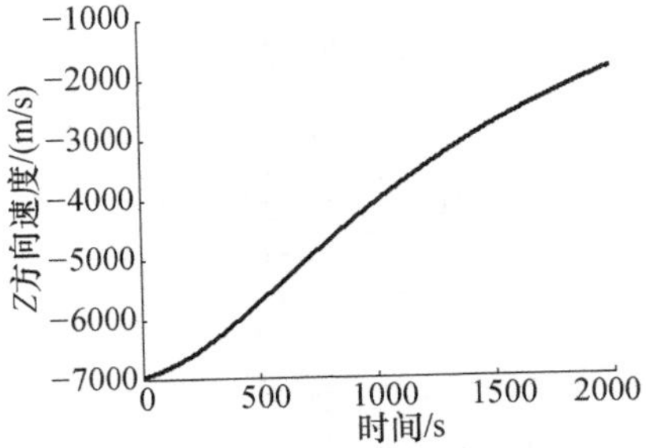

图 3.3.6 *Z* 方向速度曲线

轨道转移飞行器在轨工作时间长(3.5~4h),轨道参数初值的准确性对轨道预报精度影响很大,为说明初值的重要性,在上述仿真基础上考虑 10% 初值偏差,得到对比仿真结果如图 3.3.7 ~ 图 3.3.12 所示。

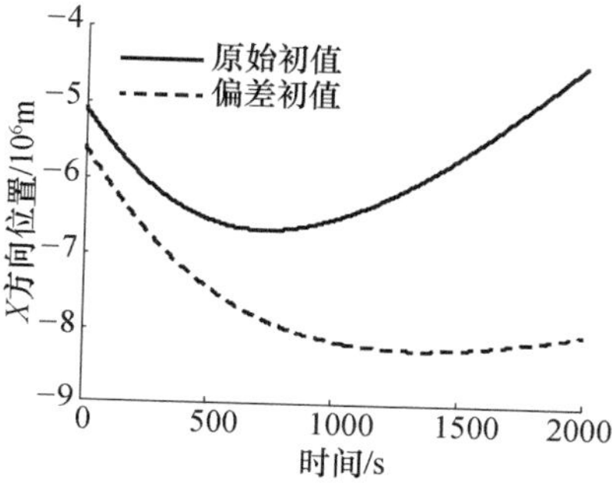

图 3.3.7　*X* 方向位置对比曲线

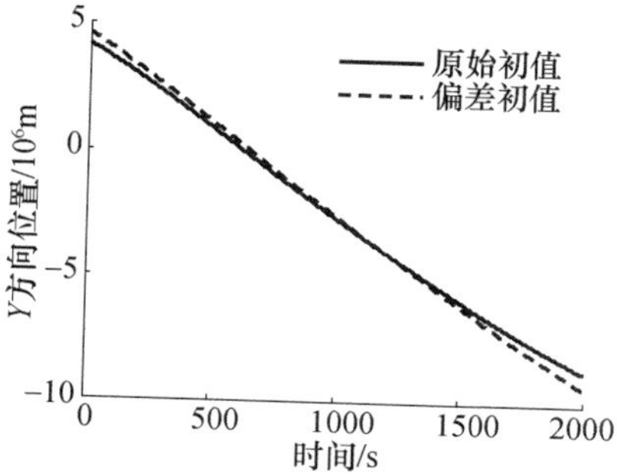

图 3.3.8　*Y* 方向位置对比曲线

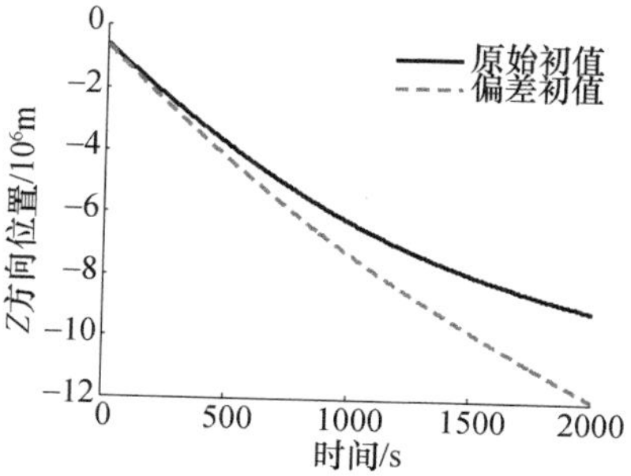

图 3.3.9　*Z* 方向位置对比曲线

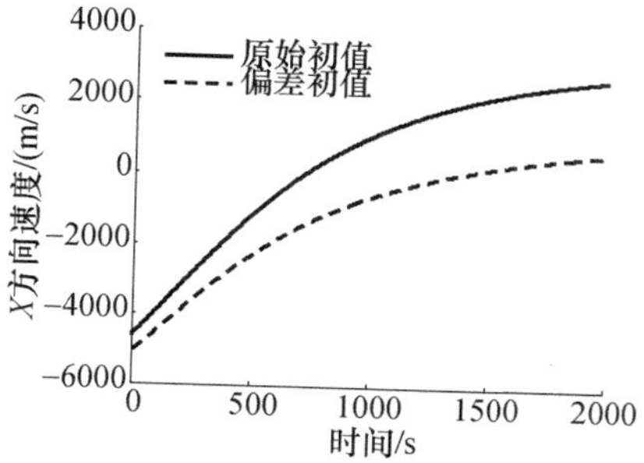

图 3.3.10　*X* 方向速度对比曲线

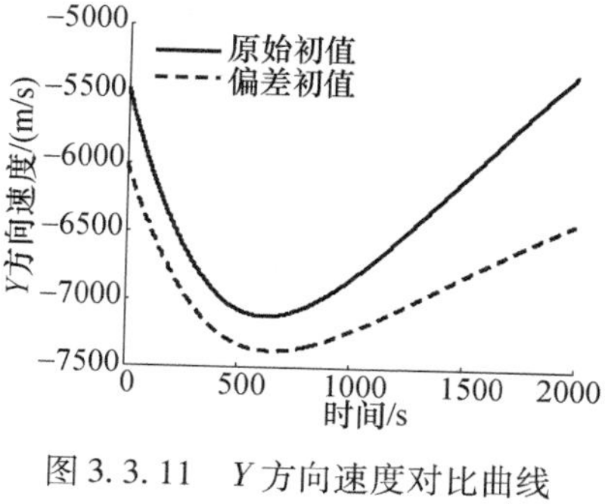

图 3.3.11　*Y* 方向速度对比曲线

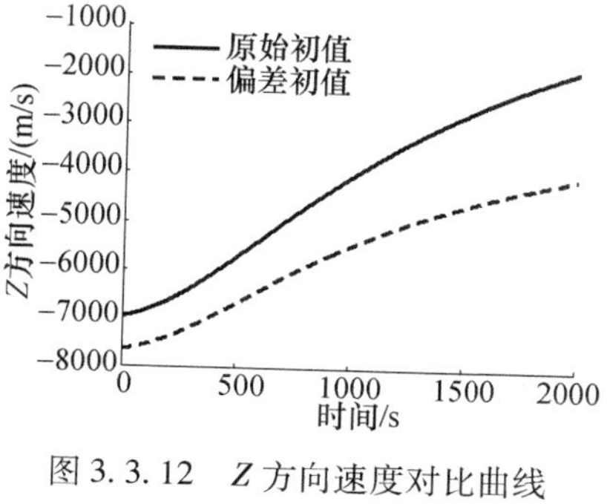

图 3.3.12　*Z* 方向速度对比曲线

从仿真结果可以看出，初值精度对于轨道预报的影响很大，尤其是对 Z 方向位置，将仿真对比偏差最大值统计见表 3.3.1。

表 3.3.1　仿真偏差最大值

性能参数	X/km	Y/km	Z/km	V_x/km/s	V_y/km/s	V_z/km/s
原始初值	-5096.027	4186.305	-526.412	-4.661	-5.461	-6.964
10%偏差初值	-5605.630	4604.935	-579.054	-5.127	-6.007	-7.660
偏差最大值	356.566	631.252	2856.434	2.095	1.085	2.177
偏差最大值占初值百分比/%	69.97	15.08	542.62	44.94	19.87	31.26

轨道初值的确定方式要根据具体任务情况具体分析：如果开始轨道预报时飞行器还可以接收 GPS 信号，就用惯性/卫星组合导航输出作为轨道预报初值；如果轨道高度已经很高接收不到卫星信号，就用惯性导航输出作为轨道预报初值；如果此时惯导误差累计过大，必要时也可以增加地球敏感器或者通过指令上行方式确定初值。

对于轨道转移飞行器来说，在开始长时间大椭圆轨道无动力自由滑行前，卫星信号可用性已经变差，而惯性导航的累计误差有限，因此一般采用惯性导航输出作为轨道预报初值。惯性导航的初始对准在导航计算机正式工作之前为其提供正确的初始姿态，因此惯性导航的初始对准精度决定了后续轨道预报初值的精度，需要在控制系统设计时重点考虑。

参考文献

[1] 施梨，张世杰，叶松，等．大椭圆星载轨道预报系统设计[J]．航天控制，2010，28(6)：43-48，55.

[2] 刘冰．环月航天器轨道预报方法研究[D]．长沙：国防科学技术大学，2006.

[3] 刘一帆．基于 SGP4 模型的低轨道航天器轨道预报方法研究[D]．哈尔滨：哈尔滨工业大学，2009.

[4] 董泽政．基于神经网络的混合模型轨道预报方法研究[D]．南京：南京航空航天大

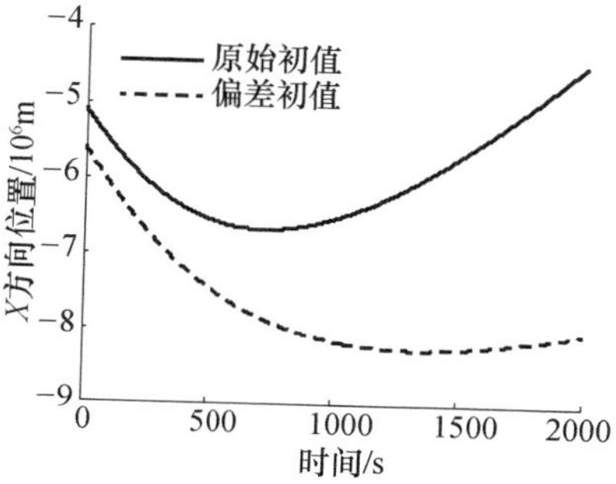

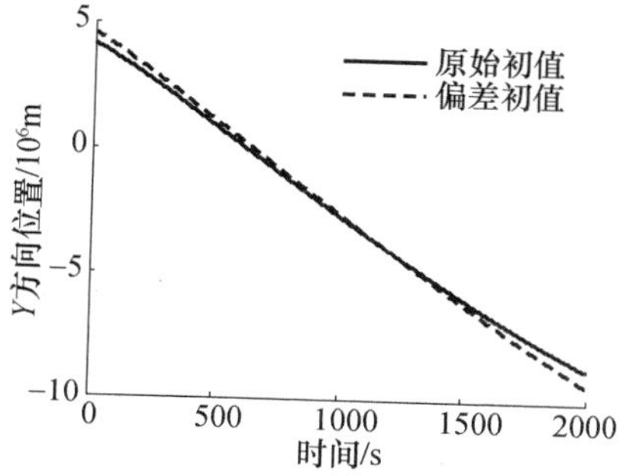

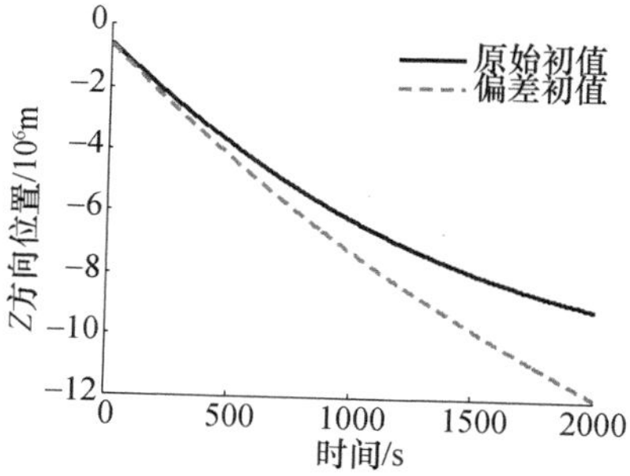

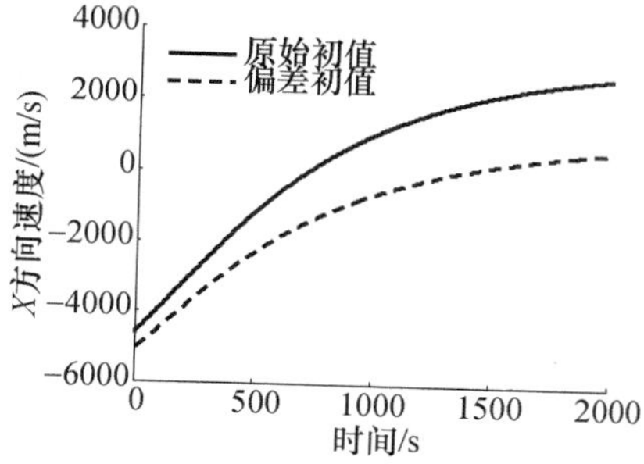

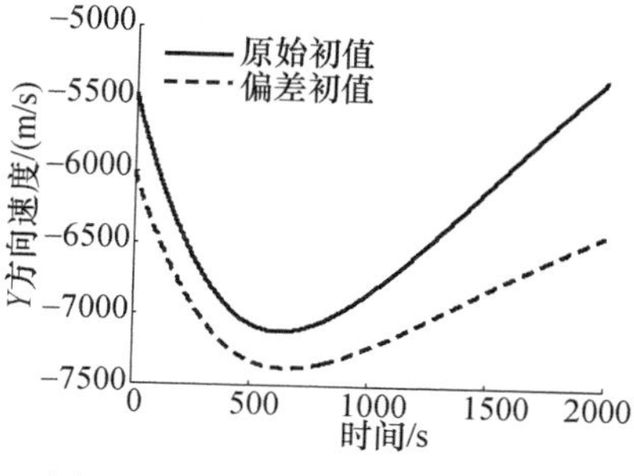

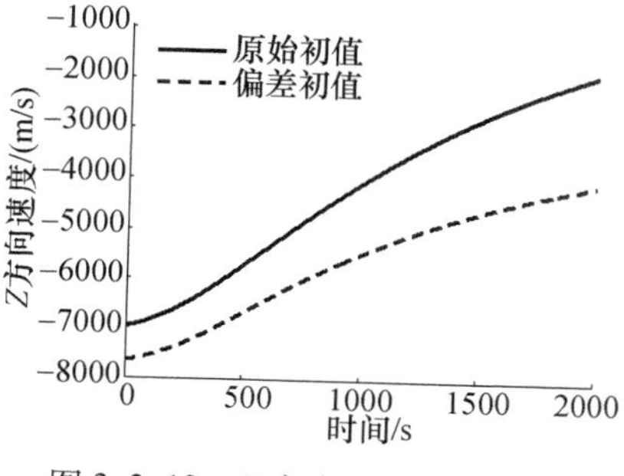

学, 2010.

[5] 赵黎平. 近地卫星自主轨道确定和控制系统研究[D]. 西安:西北工业大学,2002.

[6] 王石. 卫星轨道控制与轨道确定算法研究[D]. 长沙:国防科学技术大学,2002.

[7] 汤靖师, 刘林. 低轨航天器长期轨道预报的初步研究[J]. 飞行器测控学报, 2014, 33(1): 59-64.

[8] 刘伟平. 导航卫星快速定轨和预报方法研究[D]. 郑州:解放军信息工程大学, 2011.

第4章 惯性导航与初始对准技术

4.1 引 言

导航是为运动载体从起始点准确到达目的地提供导航参数的技术。在轨道转移飞行器飞行过程中，所需要的基本导航参数为轨道参数和姿态参数。其中：轨道参数是指飞行器在导航坐标系（所选取的参考坐标系，如地心惯性坐标系、发射惯性坐标系、发射坐标系等）中的位置和速度；姿态参数是指飞行器本体坐标系相对于导航坐标系的位置关系，通常用俯仰角、偏航角和滚转角进行描述。

轨道转移飞行器常用的导航手段包括惯性导航（简称惯导）、卫星导航和天文导航。本章主要介绍惯性导航，卫星导航和天文导航的相关内容将分别在第5章和第6章进行介绍。

惯性导航以牛顿力学定律为基础，利用惯性敏感器（陀螺仪和加速度计）确定飞行器的导航参数。具体来说，惯性导航系统利用陀螺仪敏感飞行器角速度，利用加速度计敏感飞行器的线加速度，最终确定出飞行器的位置、速度和姿态。根据导航平台的不同，惯性导航系统主要分为平台式和捷联式两大类。无论是平台式还是捷联式，其导航计算都是以实现飞行器精确导航和稳定为目标。

平台式惯性导航系统虽然精度高，但结构复杂、体积大。相比之下，捷联式具有体积小、重量轻、可靠性高、属于数学平台等优点。随着导航计算机的发展，捷联式惯性导航系统得到了广泛应用，成为轨道转移飞行器所主要采用的导航系统。

惯性导航系统在导航计算机正式工作之前必须为其提供正确的初始姿态,即初始对准。飞行器惯性导航系统的初始对准主要目的是确定本体坐标系相对于发射坐标系的姿态转换关系。当飞行器起飞后,发射坐标系在惯性空间中的方位保持恒定,成为发射惯性坐标系,作为描述飞行器起飞后的导航坐标系。

根据所提供的参考基准形式不同,初始对准方法一般分为两类:一类是依赖外部参考信息的非自主式对准,如利用光学自动准直技术等;另一类是不依赖外部参考信息,通过惯性导航系统自身,即陀螺仪和加速度计提供的信息实现的自主式对准。轨道转移飞行器为满足多种飞行任务的要求,通用性是其首要特点,作为一种有效载荷,既能适应和不同类型的运载火箭灵活组合,又不依赖于运载火箭,因此,轨道转移飞行器的惯性导航系统采用自主式对准是最佳选择。自主式对准方法有多种,目前工程上常用的是基于惯性坐标系的对准技术,该对准技术是指在惯性空间内分析本体坐标系与导航坐标系之间的关系,利用数字滤波器处理陀螺仪和加速度计的输出信号,并通过重力加速度在惯性空间中的方向改变来计算姿态矩阵。基于惯性坐标系的对准技术能从原理上跟踪飞行器的变化,有效隔离外界晃动干扰,具有很好的抗干扰作用,其解算值逼近飞行器晃动时的真实姿态。因此,它对于静基座、动基座都有很好的对准效果,且对准时间适中,对准精度较高,适合于工程应用。

在惯性坐标系对准技术中,采用的数字滤波器通常有无限冲激响应(IIR)滤波器和有限冲激响应(FIR)滤波器两种类型。IIR 滤波器的响应速度快,但存在零极点,稳定性较差;FIR 滤波器没有极点,稳定可靠,但需要对准的时间较长。轨道转移飞行器在起飞前有足够的时间用于初始对准,因此工程上通常选用 FIR 数字滤波器。

本章主要介绍惯性导航技术和基于 FIR 滤波的惯性坐标系对准技术。

4.2 惯性导航技术

4.2.1 惯性导航基本原理

当选取的导航坐标系为发射惯性坐标系时，捷联式惯性导航系统的原理框图如图4.2.1所示。由陀螺仪和加速度计所构成的惯性测量组件直接安装在飞行器上，它们分别感应出本体坐标系（b 系）相对于导航坐标系（n 系）的角速度矢量 $\boldsymbol{\omega}_{nb}^{b}$ 和本体坐标系的比力矢量 $\boldsymbol{f}^{b}$（主要是指飞行器在外界干扰力作用下的非地球万有引力产生的加速度）。

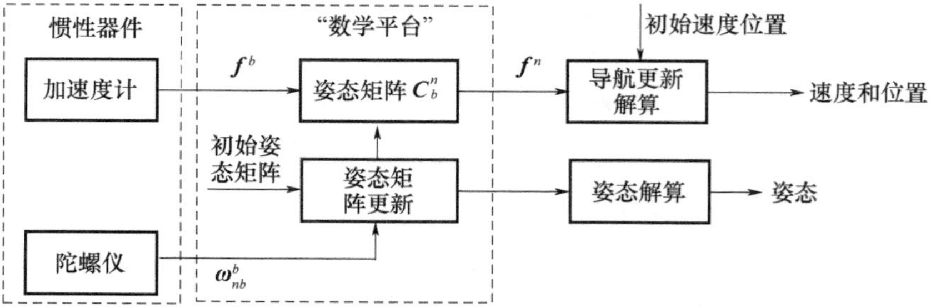

图4.2.1 捷联式惯性导航系统原理框图

导航计算机利用陀螺仪测量的飞行器沿坐标系轴向运动的角速度信号进行姿态解算，获得姿态矩阵，并从中提取出欧拉角信息；利用姿态矩阵实现将加速度计测量的加速度信号从本体坐标系到导航坐标系的坐标变换，然后经过积分计算，得到导航坐标系中的速度和位置。

飞行器速度和位置的更新算法为

$$\begin{bmatrix} \dot{\boldsymbol{r}}^{n} \\ \dot{\boldsymbol{v}}^{n} \end{bmatrix} = \begin{bmatrix} \boldsymbol{v}^{n} \\ \boldsymbol{C}_{b}^{n} \cdot \boldsymbol{f}^{b} + \boldsymbol{g}^{n} \end{bmatrix} \tag{4.2.1}$$

式中：$\boldsymbol{r}^{n}$、$\boldsymbol{v}^{n}$ 分别为飞行器的位置和速度；$\boldsymbol{C}_{b}^{n}$ 为姿态矩阵，具体组成与所规定的欧拉角旋转顺序有关；$\boldsymbol{g}^{n}$ 为发射惯性坐标系下的重力加速度。

4.2.2 姿态矩阵更新算法

利用式(4.2.1)对飞行器位置和速度进行计算时,首先需要对姿态矩阵 $\boldsymbol{C}_b^n$ 进行更新计算,姿态矩阵更新算法的精度直接影响导航精度。下面对常用的姿态矩阵更新算法进行简单介绍。

1. 欧拉角法

飞行器的俯仰角 θ、偏航角 ψ 和滚转角 γ 为一组欧拉角,描述了本体坐标系相对于导航坐标系的角位置关系。根据俯仰-偏航-滚转的欧拉角转动顺序,有

$$\boldsymbol{\omega}_{nb}^{b}=\boldsymbol{M}_X(\gamma)\boldsymbol{M}_Z(\psi)\begin{bmatrix}0\\\dot{\theta}\\0\end{bmatrix}+\boldsymbol{M}_X(\gamma)\begin{bmatrix}0\\0\\\dot{\psi}\end{bmatrix}+\begin{bmatrix}\dot{\gamma}\\0\\0\end{bmatrix}=\begin{bmatrix}1 & +\sin\psi & 0\\0 & \cos\gamma\cos\psi & \sin\gamma\\0 & -\sin\gamma\cos\psi & \cos\gamma\end{bmatrix}\begin{bmatrix}\dot{\gamma}\\\dot{\theta}\\\dot{\psi}\end{bmatrix}\tag{4.2.2}$$

则

$$\begin{bmatrix}\dot{\gamma}\\\dot{\theta}\\\dot{\psi}\end{bmatrix}=\begin{bmatrix}1 & -\cos\gamma\tan\psi & \sin\gamma\tan\psi\\0 & \cos\gamma/\cos\psi & -\sin\gamma/\cos\psi\\0 & \sin\gamma & \cos\gamma\end{bmatrix}\begin{bmatrix}\omega_{nbx}^{b}\\\omega_{nby}^{b}\\\omega_{nbz}^{b}\end{bmatrix}\tag{4.2.3}$$

式(4.2.3)称为欧拉角微分方程。欧拉角微分方程关系简单直观,求解过程中无须正交化,但当偏航角 ψ 接近90°时出现退化现象,此时需要采用其余方法克服上述问题,如双欧拉角法。在计算出欧拉角后,即可利用三次旋转关系获得姿态矩阵。

2. 方向余弦法

方向余弦法是用矢量的方向余弦表示姿态矩阵的一种方法。其主要思想:绕某定点转动的两个坐标系间的关系可以用方向余弦矩阵表示,方向余弦矩阵随时间变化,其变化规律的数学描述就是方向余弦矩阵的微分方程,即

$$\dot{\boldsymbol{C}}_b^n = \boldsymbol{C}_b^n \boldsymbol{\omega}_{nb}^{b\times} \tag{4.2.4}$$

式中：

$$\boldsymbol{\omega}_{nb}^{b\times} = \begin{bmatrix} 0 & -\omega_{nbz}^b & \omega_{nby}^b \\ \omega_{nbz}^b & 0 & -\omega_{nbx}^b \\ -\omega_{nby}^b & \omega_{nbx}^b & 0 \end{bmatrix}$$ $\boldsymbol{\omega}_{nb}^{b\times}$ 为 $\boldsymbol{\omega}_{nb}^b$ 的反对称阵。

方向余弦法避免了欧拉角法中的方程退化问题，可以全姿态工作，但由于微分方程包含了9个未知量，计算量较大。

3. 四元数法

四元数由四个参数组成，第一个参数为标量形式，后面三个组成一个矢量形式，即

$$\tilde{\boldsymbol{q}} = q_1 + q_2 i + q_3 j + q_4 k \tag{4.2.5}$$

姿态四元数的微分表达式为

$$\dot{\tilde{\boldsymbol{q}}} = \frac{1}{2}\boldsymbol{\Omega}(\boldsymbol{\omega}_{nb}^b)\tilde{\boldsymbol{q}} \tag{4.2.6}$$

式中：$\boldsymbol{\Omega}(\boldsymbol{\omega}_{nb}^b)$ 为由 $\boldsymbol{\omega}_{nb}^b$ 构成的扩展反对称矩阵，且有

$$\boldsymbol{\Omega}(\boldsymbol{\omega}_{nb}^b) = \begin{bmatrix} 0 & -\omega_{nbx}^b & -\omega_{nby}^b & -\omega_{nbz}^b \\ \omega_{nbx}^b & 0 & \omega_{nbz}^b & -\omega_{nby}^b \\ \omega_{nby}^b & -\omega_{nbz}^b & 0 & \omega_{nbx}^b \\ \omega_{nbz}^b & \omega_{nby}^b & -\omega_{nbx}^b & 0 \end{bmatrix} \tag{4.2.7}$$

四元数法主要是根据姿态四元数运动微分方程求解得到姿态参数四元数，然后由四元数表示姿态矩阵，可以避免欧拉角的退化现象。在四元数更新计算完成后，可利用下式获得姿态矩阵，即

$$\boldsymbol{C}_b^n = \begin{bmatrix} q_1^2 + q_0^2 - q_3^2 - q_2^2 & 2(q_1 q_2 - q_0 q_3) & 2(q_1 q_3 + q_0 q_2) \\ 2(q_1 q_2 + q_0 q_3) & q_2^2 - q_3^2 + q_0^2 - q_1^2 & 2(q_2 q_3 - q_0 q_1) \\ 2(q_1 q_3 - q_0 q_2) & 2(q_2 q_3 + q_0 q_1) & q_3^2 - q_2^2 - q_1^2 + q_0^2 \end{bmatrix}$$

4.2.3 捷联惯性导航系统误差分析

由于惯性器件(陀螺仪和加速度计)存在测量误差,积分后产生的速度、位置和姿态误差会随着时间不断积累,因此,对于轨道转移飞行器长时间的飞行任务来说,必须对惯性导航系统的累积误差进行修正来保证导航精度。为此,通常引入其他的导航方式对惯性导航进行辅助,构成组合导航系统。而构建组合导航系统的前提是了解惯性导航系统的误差特性,通过对惯性导航系统进行误差分析,能够揭示出导航误差随时间变化的过程,便于组合导航系统的设计。下面主要介绍惯性导航系统的误差特性,关于组合导航的内容将在第5、6章进行介绍。

1. 姿态误差方程

设 $\boldsymbol{\phi}=[\phi_x\ \phi_y\ \phi_z]^{\mathrm{T}}$ 为数学平台同实际导航坐标系间的误差角,即姿态失准角,由式(4.2.4)可知,惯性导航系统实际输出的姿态转换矩阵 $\widetilde{\boldsymbol{C}}_b^n$ 与理想姿态转换矩阵 $\boldsymbol{C}_b^n$ 之间存在以下关系:

$$\widetilde{\boldsymbol{C}}_b^n=\boldsymbol{C}_b^n+\delta\boldsymbol{C}_b^n=(\boldsymbol{I}-\boldsymbol{\phi}^{\times})\boldsymbol{C}_b^n \tag{4.2.8}$$

式中:$\boldsymbol{\phi}^{\times}$ 为 $\boldsymbol{\phi}$ 的反对称矩阵。

考虑陀螺仪的测量噪声,忽略陀螺仪一次项和二次项的误差,最终的姿态误差方程为

$$\dot{\boldsymbol{\phi}}=-\boldsymbol{C}_b^n(\boldsymbol{\varepsilon}+\boldsymbol{W}_{\varepsilon}) \tag{4.2.9}$$

式中:$\boldsymbol{\varepsilon}$ 为陀螺仪的常值漂移;$\boldsymbol{W}_{\varepsilon}$ 为陀螺仪模型高斯白噪声。

2. 速度位置误差方程

在发射惯性坐标系中,由式(4.2.1)可知

$$\dot{\boldsymbol{r}}^n=\boldsymbol{v}^n \tag{4.2.10}$$

$$\dot{\boldsymbol{v}}^n=\boldsymbol{g}^n+\boldsymbol{C}_b^n\cdot\boldsymbol{f}^b \tag{4.2.11}$$

令 $\boldsymbol{\nabla}$ 为加速度计的常值偏置,$\boldsymbol{W}_{\nabla}$ 为加速度计模型高斯白噪声,忽略加速度计一次项和二次项的误差,则 $\delta\boldsymbol{f}^b=\boldsymbol{\nabla}+\boldsymbol{W}_{\nabla}$。令

$$\delta\boldsymbol{a}=-\boldsymbol{\phi}^{\times}\boldsymbol{C}_b^n\cdot\boldsymbol{f}^b+\boldsymbol{C}_b^n\cdot(\delta\boldsymbol{f}^b)$$

则轨道转移飞行器速度位置误差方程的分量形式为

$$\begin{bmatrix} \delta\dot{V}_x \\ \delta\dot{V}_y \\ \delta\dot{V}_z \\ \delta\dot{x} \\ \delta\dot{y} \\ \delta\dot{z} \end{bmatrix} = \begin{bmatrix} 0 & 0 & 0 & f_{14} & f_{15} & f_{16} \\ 0 & 0 & 0 & f_{24} & f_{25} & f_{26} \\ 0 & 0 & 0 & f_{34} & f_{35} & f_{36} \\ 1 & 0 & 0 & 0 & 0 & 0 \\ 0 & 1 & 0 & 0 & 0 & 0 \\ 0 & 0 & 1 & 0 & 0 & 0 \end{bmatrix} \begin{bmatrix} \delta V_x \\ \delta V_y \\ \delta V_z \\ \delta x \\ \delta y \\ \delta z \end{bmatrix} + \begin{bmatrix} \delta a_x \\ \delta a_y \\ \delta a_z \\ 0 \\ 0 \\ 0 \end{bmatrix} \tag{4.2.12}$$

式中：f_{14}、f_{15}、f_{16}、f_{24}、f_{25}、f_{26}、f_{34}、f_{35}、f_{36}为引力加速度对位置坐标的导数，与飞行器位置有关；x、y、z 为飞行器在发射惯性坐标系下的位置；V_x、V_y、V_z 为飞行器在发射惯性坐标系下的速度；δa_x、δa_y、δa_z 为 $\delta \boldsymbol{a}$ 的三个分量。

3. 惯性器件误差方程

将陀螺仪误差和加速度计误差看作随机常值，相应的误差方程为

$$\begin{cases} \dot{\nabla}_x = 0, \quad \dot{\nabla}_y = 0, \quad \dot{\nabla}_z = 0 \\ \dot{\varepsilon}_x = 0, \quad \dot{\varepsilon}_y = 0, \quad \dot{\varepsilon}_z = 0 \end{cases} \tag{4.2.13}$$

4.3 基于惯性坐标系的对准技术

轨道转移飞行器惯性导航系统的初始对准是发射前在地面完成的，由于地面风干扰等因素会使其产生晃动，引起的干扰角速度远大于地球自转角速度，这样陀螺仪输出信号中的信噪比会十分低，并且干扰角速度具有较宽的频带，因此很难在陀螺仪输出中将地球自转角速度这一有用的信息提取出来。但是地球自转角速度 ω_0 是已知的恒定值，重力加速度 $\boldsymbol{g}$ 在惯性空间内的方向改变包含了地球的真北信息，只要测量时间足够长并且准确，就能够从重力加速度信息中获得精确的初始姿态，基于惯性坐标系的对准计算就是利用这一基本原理进行对准的。

4.3.1　干扰加速度的数字滤波处理技术

对轨道转移飞行器的捷联惯性导航系统而言，加速度计有一个理想的安装位置。实际加速度计会偏离该理想位置，由于风干扰等因素使得飞行器处于摇摆状态时，会引起加速度计的测量误差，形成高频的干扰加速度，因此可以设计一个合理的低通滤波器，对加速度计的输出进行预处理后再进行初始对准解算，从而有效地抑制干扰加速度的影响。下面对 FIR 滤波器的设计原理进行说明。

FIR 滤波器的设计通常利用窗口设计法，其思想是用一个有限长度的窗口函数序列 $\omega(n)$ 截短无限长的冲激响应序列 $h_d(n)$，得到 FIR 滤波器的有限长度冲激响应 $h(n)$。其设计过程（图 4.3.1）如下：

（1）对理想频率响应 $H_d(e^{j\omega})$ 求傅里叶反变换得到理想单位脉冲响应 $h_d(n)$；

（2）求出实际滤波器的单位抽样响应 $h(n)$；

（3）对 $h(n)$ 求傅里叶变换得到滤波器的频率特性函数 $H(e^{j\omega})$。

窗口函数 $\omega(n)$ 的选取需要根据实际需求进行权衡，常用的有汉宁窗、汉明窗等，具体可参考数字信号处理相关文献。

$$H_d(e^{j\omega})\xrightarrow{\text{傅里叶反变换}}h_d(n)\xrightarrow{\text{窗口函数}}h(n)=h_d(n)*\omega(n)\xrightarrow{\text{傅里叶变换}}H(e^{j\omega})$$

图 4.3.1　窗口设计法过程

4.3.2　带有数字滤波器的惯性坐标系对准技术

在利用数字滤波器滤除高频扰动加速度后，就可以进行姿态矩阵的解算，在解算过程中需要用到下面四个坐标系。

1. 坐标系定义

（1）发射坐标系（l 系）：该坐标系的定义见第 2 章。

（2）经线地球坐标系（e 系）：该坐标系的原点在地球中心，Y 轴和地球自转轴重合，Z 轴在赤道平面内指向对准开始时刻 t_0 惯组所在点的经线，X 轴由右手定则确定，该坐标系与地球固连。

（3）经线地心惯性坐标系（e_i 系）：在 t_0 时刻将 e 系在惯性空间凝固后形成的坐标系即为经线地心惯性坐标系。

（4）本体惯性坐标系（b_i 系）：在 t_0 时刻将本体坐标系（b 系）在惯性空间凝固后形成的坐标系即为本体惯性坐标系。

2. 基于惯性坐标系的自对准算法原理

以 l 系为初始对准过程中的导航坐标系（n 系），姿态矩阵 $\boldsymbol{C}_b^n$ 可分解为以下四个矩阵的乘积，即

$$\boldsymbol{C}_b^n = \boldsymbol{C}_e^n \boldsymbol{C}_{e_i}^e(t) \boldsymbol{C}_{b_i}^{e_i} \boldsymbol{C}_b^{b_i}(t) \tag{4.3.1}$$

$\boldsymbol{C}_b^{b_i}(t)$ 为 b 系到 b_i 系的转换矩阵，该矩阵包含摇摆基座姿态变化信息。由 b_i 系的定义知 t_0 时刻 b_i 系与 b 系重合，因此 b 系相对 b_i 系转动的姿态变换四元数的初始值 $\boldsymbol{q} = [1 \quad 0 \quad 0 \quad 0]^{\mathrm{T}}$。$\boldsymbol{C}_b^{b_i}(t)$ 可根据陀螺仪的输出，利用 4.2.2 节中介绍的姿态矩阵更新算法进行计算得到。

$\boldsymbol{C}_{b_i}^{e_i}$ 为 b_i 系到 e_i 系的转换矩阵，该矩阵包含重力加速度相对惯性空间随地球旋转引起的方向变化信息。在惯性坐标系中观察地球重力加速度时，由于地球自转的作用其运动轨迹构成一个圆锥面。所以在不同时刻（时间间隔不可为 24h 的整数倍）重力矢量在惯性坐标系内是不共线的，通过求取两个不同时刻重力矢量即可得到 $\boldsymbol{C}_{b_i}^{e_i}$。

由 b_i 系的定义可知，当飞行器的位置在对准过程中未发生改变时，重力加速度 $\boldsymbol{g}$ 在 e_i 系内的分量只取决于对准时间、运载火箭起飞所在地的纬度和发射方位角，其精确值可由下式求得，即

$$\boldsymbol{g}^{e_i} = \boldsymbol{C}_e^{e_i} \boldsymbol{C}_n^e \boldsymbol{g}^n \tag{4.3.2}$$

取 t_l 和 t_m 两个不同时刻（$l < m$）的比力矢量 $\boldsymbol{f}^{b_i}$ 和重力矢量 $\boldsymbol{g}^{e_i}$ 及其叉乘矢量，利用双矢量定姿法可得

$$\boldsymbol{C}_{b_i}^{e_i} = \begin{bmatrix} (-\boldsymbol{g}_{t_l}^{e_i})^{\mathrm{T}} \\ (-\boldsymbol{g}_{t_m}^{e_i})^{\mathrm{T}} \\ (-\boldsymbol{g}_{t_l}^{e_i}) \times (-\boldsymbol{g}_{t_m}^{e_i})^{\mathrm{T}} \end{bmatrix}^{-1} \begin{bmatrix} (\boldsymbol{f}_{t_l}^{b_i})^{\mathrm{T}} \\ (\boldsymbol{f}_{t_m}^{b_i})^{\mathrm{T}} \\ (\boldsymbol{f}_{t_l}^{b_i} \times \boldsymbol{f}_{t_m}^{b_i})^{\mathrm{T}} \end{bmatrix} \tag{4.3.3}$$

通过上述方法理论上可以完成对 $\boldsymbol{C}_{i_{b_0}}^{i_0}$ 的求解，但在实际的捷联惯性导航系统中加速度计通常以速度增量形式输出，为了减少噪声差分放大引起的误差，可分别对 $\boldsymbol{g}^{e_i}$ 与 $\boldsymbol{f}^{b_i}$ 在时间区间 $[t_0, t]$ 上积分，设

$$\boldsymbol{V}^{e_i} = \int_{t_0}^{t} -g^{e_i}\mathrm{d}t, \boldsymbol{V}^{b_i} = \int_{t_0}^{t} f^{b_i}\mathrm{d}t$$

则有

$$\boldsymbol{C}_{b_i}^{e_i} = \begin{bmatrix} (\boldsymbol{V}_{t_l}^{e_i})^{\mathrm{T}} \\ (\boldsymbol{V}_{t_m}^{e_i})^{\mathrm{T}} \\ (\boldsymbol{V}_{t_l}^{e_i} \times \boldsymbol{V}_{t_m}^{e_i})^{\mathrm{T}} \end{bmatrix}^{-1} \begin{bmatrix} (\boldsymbol{V}_{t_l}^{b_i})^{\mathrm{T}} \\ (\boldsymbol{V}_{t_m}^{b_i})^{\mathrm{T}} \\ (\boldsymbol{V}_{t_l}^{b_i} \times \boldsymbol{V}_{t_m}^{b_i})^{\mathrm{T}} \end{bmatrix} \tag{4.3.4}$$

$\boldsymbol{C}_{e_i}^{e}(t)$ 为 e_i 系到 e 系的转换矩阵，该矩阵包含地球的自转信息。当时间 t 精确已知时，e 系对于 e_i 系转过的角度为 $\omega_0(t-t_0)$，则 $\boldsymbol{C}_{e_i}^{e}(t)$ 可以表示为

$$\boldsymbol{C}_{e_i}^{e}(t) = \begin{bmatrix} \cos[\omega_0(t-t_0)] & 0 & -\sin[\omega_0(t-t_0)] \\ 0 & 1 & 0 \\ \sin[\omega_0(t-t_0)] & 0 & \cos[\omega_0(t-t_0)] \end{bmatrix} \tag{4.3.5}$$

C_e^n 为 e 系到 n 系的转换矩阵，由于 n 系和 e 系均与地球固连，它们之间的坐标转换关系是固定的，只与火箭发射点的地理信息和发射方位有关。设发射点的纬度为 L，发射方位角为 A_0，则 e 系与 n 系的坐标转换关系为

$$OX_eY_eZ_e \xrightarrow[OX_{e0}]{90^\circ - L} OX_{n1}Y_{n1}Z_{n1} \xrightarrow[OY_{n1}]{90^\circ - A_0} OX_nY_nZ_n$$

$$\boldsymbol{C}_e^n = \begin{bmatrix} \sin A_0 & \cos A_0 \cos L & -\cos A_0 \sin L \\ 0 & \sin L & \cos L \\ \cos A_0 & -\sin A_0 \cos L & \sin A_0 \sin L \end{bmatrix} \tag{4.3.6}$$

4.3.3 惯性坐标系对准方法极限精度分析

由 4.3.2 节可知，姿态矩阵被分解成四个矩阵解算，矩阵 $\boldsymbol{C}_e^n$

是对准地点纬度 L 和发射方位角 A_0 的函数，$\boldsymbol{C}_{e_i}^{e}(t)$ 是对准持续时间 $\Delta t = t - t_0$ 的函数，而 L、A_0、Δt 均可准确得到，故认为在矩阵 $\boldsymbol{C}_e^n$ 和 $\boldsymbol{C}_{e_i}^{e}(t)$ 的求解中未引入误差。对准误差是在求解 $\boldsymbol{C}_b^{b_i}(t)$ 和 $\boldsymbol{C}_{b_i}^{e_i}$ 的求解中引入的。

b 系到 b_i 系的姿态转移阵是对陀螺的输出信息实时解算出来的，故陀螺的输出误差是影响该矩阵的主要因素。$\boldsymbol{C}_b^{b_i}(t)$ 的求解误差主要受陀螺漂移影响，由于粗对准时间通常较短，且飞行器惯导级别的陀螺漂移通常较小，因此对准过程中的 $\boldsymbol{C}_b^{b_i}(t)$ 求解误差很小可忽略不计。

由于 $\boldsymbol{C}_{b_i}^{e_i}$ 矩阵是采用双矢量定姿方法求得的，是惯性坐标系对准精度误差的主要来源，最终可得到基于惯性坐标系的对准算法误差精度为

$$\begin{cases} \phi_x = -\dfrac{\nabla_{\mathrm{N}}}{g}\sin A_0 + \dfrac{\nabla_{\mathrm{E}}}{g}\cos A_0 \\ \phi_y = \dfrac{\nabla_{\mathrm{E}}}{g}\tan L - \dfrac{\varepsilon_{\mathrm{E}}}{\omega_{ie}\cos L} \\ \phi_z = -\dfrac{\nabla_{\mathrm{N}}}{g}\cos A_0 - \dfrac{\nabla_{\mathrm{E}}}{g}\sin A_0 \end{cases} \tag{4.3.7}$$

式中：下标 E、N 分别表示东北天地理坐标系的东向和北向；ε_{E} 为东向陀螺漂移；∇_{N} 为北向加速度计偏置；∇_{E} 为东向加速度计偏置，g 为重力加速度大小。

式(4.3.7)表明基于惯性坐标系的自对准精度最终取决于器件的等效偏差。

4.4 仿真结果分析

4.4.1 数字滤波仿真分析

4.3.1 节中简单介绍了 FIR 滤波器的设计方法，下面对其进行

仿真。

假定原始信号 $x(t) = \sin(2\pi \cdot 3t) + 5\cos(2\pi \cdot 20t)$，即包括 3Hz 和 20Hz 的信号，采样频率为 50Hz。利用汉宁窗函数设计 FIR 低通滤波器，归一化频率满足：通带边界 $\omega_p = 0.5$，阻带边界 $\omega_s = 0.66$，阻带衰减不小于 30dB，通带波纹不大于 3dB，可得到滤波器的幅频响应和相频响应分别如图 4.4.1 和图 4.4.2 所示。

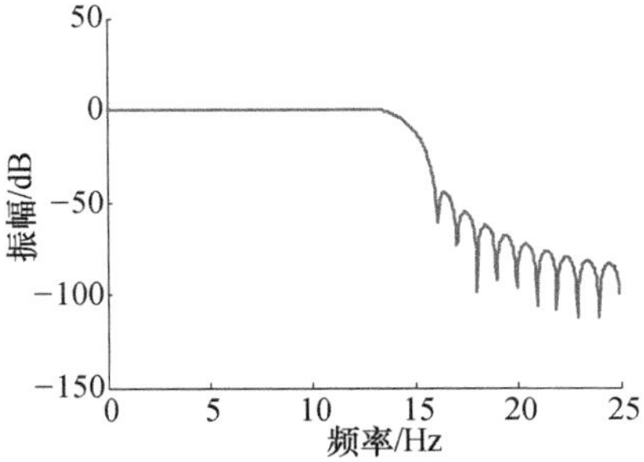

图 4.4.1　滤波器幅频响应

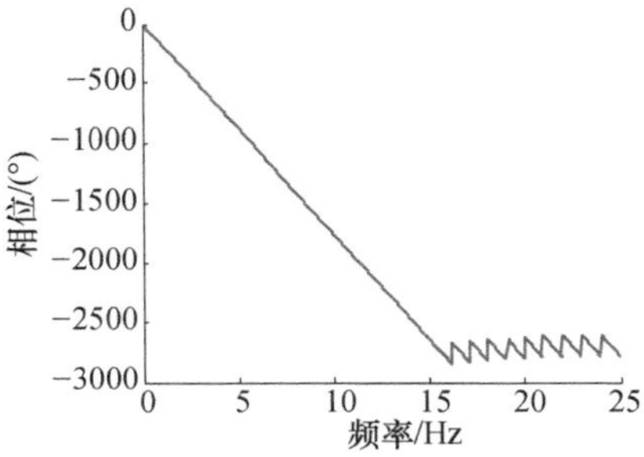

图 4.4.2　滤波器相频响应

原始信号和通过 FIR 滤波器后的信号分别如图 4.4.3 和图 4.4.4 所示。

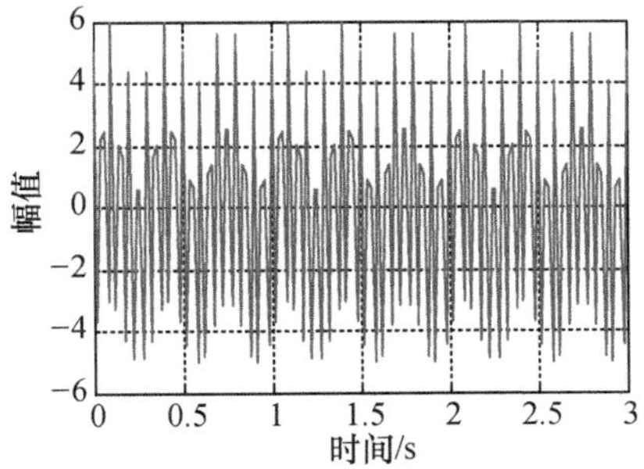

图 4.4.3　原始信号

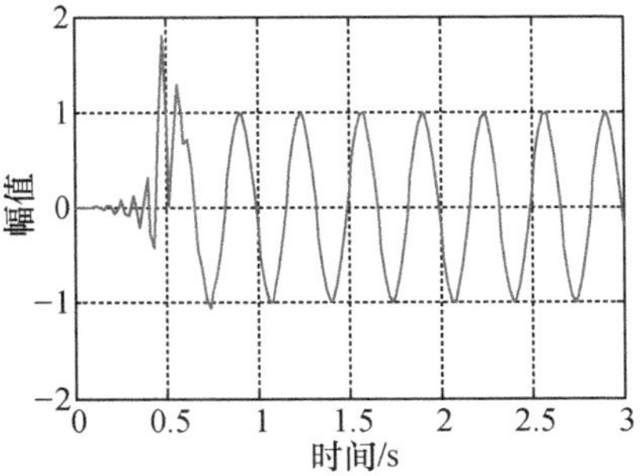

图 4.4.4　通过 FIR 滤波器后的信号

由图 4.4.3 和图 4.4.4 可知，20Hz 的信号被滤除，通过滤波器后只剩下 3Hz 的信号，表明了设计滤波器的有效性。

4.4.2 惯性坐标系对准仿真分析

假设发射前飞行器搭载在火箭上处于静止状态，发射点的经度为121.2°，纬度为31.2°，发射的方位角为45°，以发射坐标系为参考坐标系，飞行器初始的滚转角为2°，俯仰角为91°，偏航角为-5°。

陀螺仪常值漂移为0.02(°)/h，随机漂移的标准差为0.01(°)/h，加速度计的常值偏置为$10^{-4}g$，随机偏置的标准差为$10^{-5}g$，重力加速度取$g=9.8\text{m/s}^2$，对加速度计的输出信号进行数字滤波处理后，利用4.3节介绍的基于惯性坐标系对准的方法进行初始对准，进行100次仿真对准试验，其中t_l和t_m分别取为30s、150s，对准结束时刻的姿态误差角如图4.4.5～图4.4.7所示。

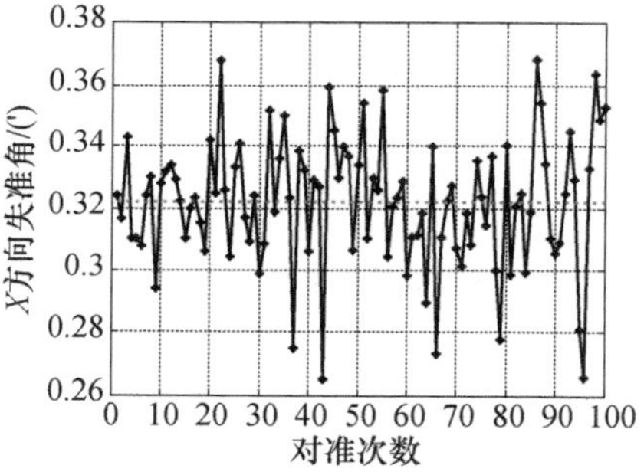

图4.4.5 *X*方向失准角

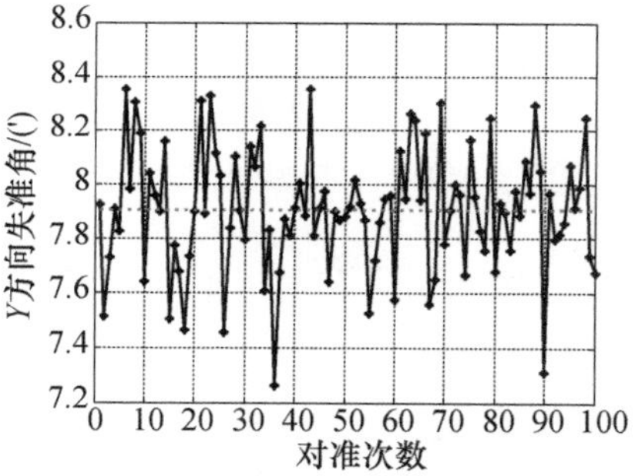

图4.4.6 *Y*方向失准角

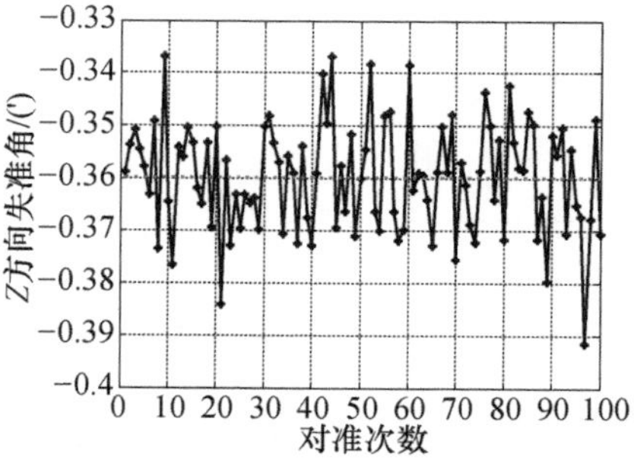

图4.4.7 *Z*方向失准角

图4.4.5~图4.4.7中的实线部分表示每次试验的失准角值，虚线部分表示100次仿真的平均值，从式(4.3.11)可以计算得到三个方向失准角的理论值分别为0.3250′、7.8966′和-0.3664′，而100次仿真试验的平均值分别为0.3242′、7.9265′和-0.3587′，与理论值的偏差分别为-0.0008′、0.0299′和0.0077′，仿真结果与理论分析一致。

参考文献

[1] 王新龙. 捷联式惯性导航系统动、静基座初始对准[M]. 西安:西北工业大学出版社, 2013.

[2] 邓正隆. 惯性技术[M]. 哈尔滨:哈尔滨工业大学出版社, 2006.

[3] 全伟. 惯性，天文，卫星组合导航技术[M]. 北京:国防工业出版社, 2011.

[4] 仲小丽. 箭载捷联惯性导航系统初始对准方法研究[D]. 南京:东南大学,2013.

[5] 梁浩. 初始方位对准及在轨修正技术研究[D]. 哈尔滨:哈尔滨工业大学,2012.

[6] 贺海鸥. 强阵风作用下弹体上捷联式惯性导航系统的初始对准技术研究[D]. 西安:西北工业大学,2007.

[7] 张义. 舰船捷联惯性坐标系统初始对准技术研究[D]. 哈尔滨:哈尔滨工程大学,2012.

[8] 王进. 捷联惯性导航系统罗经对准方法研究[D]. 长沙: 国防科学技术大学, 2005.

[9] 高伟,奔粤阳,李倩. 捷联惯性导航系统初始对准技术[M]. 北京:国防工业出版社, 2013.

[10] Darf R C,Bishop R H. 现代控制系统:第8版[M]. 谢红卫, 邹逢兴, 张明, 译. 北京:高等教育出版社, 2001.

[11] 冯培德,糜秀娣,徐仕会,等. 惯性导航系统在动基座条件下对准的新途径[J]. 中国惯性技术学报,2001,09(4):29-32.

[12] Ogata K. 现代控制工程(第4版)[M]. 卢伯英, 于海勋,等译. 北京:电子工业出版社, 2003.

[13] 张天光,王秀萍. 捷联惯性导航技术(第2版)[M]. 北京:国防工业出版社, 2007.

[14] 万永革, 数字信号处理的MATLAB实现[M]. 北京:科学出版社,2007.

第5章　惯性/卫星组合导航技术

5.1　引　　言

惯性导航作为一种自主式导航系统,不需要接收任何外界信息,依靠陀螺仪与加速度计测量得到的数据,通过导航计算机解算出位置、速度和姿态等运动参数,是轨道转移飞行器最重要的导航系统。但是,由于惯性导航解算中的积分原理,惯性器件的误差会使得导航误差随时间积累,因而纯惯性导航系统难以满足轨道转移飞行器远程、长时间运动的高精度导航要求。

卫星导航是在无线电技术的基础上,伴随航天技术发展而形成的一种天基无线电导航系统。通常用一个广义的概念——全球导航卫星系统来总称所有在轨工作的卫星导航定位系统,目前主要包括美国的GPS、俄罗斯的GLONASS、欧洲的Galileo系统、中国的北斗二代等。卫星导航的优点是定位精度高,导航误差不随时间积累,可全天时、全天候工作。但是,卫星导航系统难以直接提供姿态信息,数据更新率较低。

可见,惯性导航和卫星导航有各自的优、缺点,单独应用其中任何一种都难以满足轨道转移飞行器长时间、高性能导航的需求。因此,将惯性导航和卫星导航进行组合,可优势互补,是实现轨道转移飞行器高精度、高可靠性导航的有效手段。

5.2　卫星导航原理

在卫星导航定位中,由于各种误差源的影响,所测定的距离值并非真实地反映卫星到导航接收机的几何距离，而是含有一定误差。这种含误差的卫星导航量测距离称为伪距。伪距中包含导航星座卫星时钟钟差和导航接收机时钟钟差。

如图5.2.1所示，矢量 $\boldsymbol{r}$ 为飞行器到导航卫星的偏移矢量，矢量 $\boldsymbol{s}$ 为导航卫星相对于坐标原点的位置，由卫星广播的星历数据计算。卫星距飞行器的矢量为

$$\boldsymbol{r}=\boldsymbol{s}-\boldsymbol{u} \tag{5.2.1}$$

矢量 $\boldsymbol{r}$ 的幅值为

$$r=\|\boldsymbol{s}-\boldsymbol{u}\| \tag{5.2.2}$$

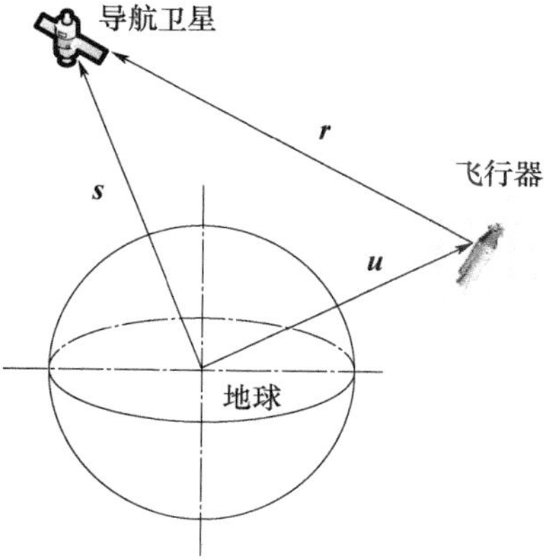

图5.2.1　飞行器位置的矢量表示

卫星导航采用多星、高轨、测距体制，以距离作为基本观测量。通过装在飞行器上的接收机，测量卫星发射电波至接收机接收到电波的时间差 τ，乘以电磁波的传播速度 c 求得距离 r，即

$$r=c\cdot\tau=c(T_u-T_s) \tag{5.2.3}$$

式中：T_u 为信号到达用户接收机时的系统时；T_s 为信号离开卫星时的系统时。

卫星导航一般采用原子时系统，由于卫星钟和接收机时钟与系统原子时不同步，存在钟差，设 δt 为卫星时钟与系统时之间的偏移，t_u 为

接收机时钟与系统时之间的偏移，则有

$$\rho = c[(T_u + t_u) - (T_s + \delta t)] = c(T_u - T_s) + c(t_u - \delta t) = r + c(t_u - \delta t) \tag{5.2.4}$$

由式(5.2.4)可见，距离观测值 ρ 中包含了接收机钟差引起的误差，而不是接收机至卫星的真正距离 r，故称为伪距观测值。因此，可以将式(5.2.4)改写为

$$\rho - c(t_u - \delta t) = \| \boldsymbol{s} - \boldsymbol{u} \| \tag{5.2.5}$$

卫星时钟与系统时的偏移 δt 由偏差和漂移两部分组成。在后续的分析中，假定这种偏移已被补偿掉了，即不再认为 δt 是未知数。因此，式(5.2.5)可以写为

$$\rho - ct_u = \| \boldsymbol{s} - \boldsymbol{u} \| \tag{5.2.6}$$

5.2.1 卫星导航伪距定位原理

从前面的分析可知，为确定飞行器的位置，需要解算的量包括三个位置量和一个时间偏差，通过接收机对不少于 4 颗卫星进行伪距测量，然后利用导航电文提供的卫星位置和伪距观测值，即可解算出接收机的位置。

由伪距定位原理(式(5.2.6))(考虑卫星钟差)可知，观测量与待求参数之间的函数关系式为

$$\rho_j = \| \boldsymbol{s}_j - \boldsymbol{u} \| + ct_u \tag{5.2.7}$$

式中：j 为 1 ~4，指不同的卫星；ρ_j 为第 j 颗卫星的伪距观测值。

式(5.2.7)可展开为以 x、y、z 和 t_u 等未知数表示的联立方程，即

$$\rho_1 = \sqrt{(x - x_1)^2 + (y - y_1)^2 + (z - z_1)^2} + ct_u \tag{5.2.8}$$

$$\rho_2 = \sqrt{(x - x_2)^2 + (y - y_2)^2 + (z - z_2)^2} + ct_u \tag{5.2.9}$$

$$\rho_3 = \sqrt{(x - x_3)^2 + (y - y_3)^2 + (z - z_3)^2} + ct_u \tag{5.2.10}$$

$$\rho_4 = \sqrt{(x - x_4)^2 + (y - y_4)^2 + (z - z_4)^2} + ct_u \tag{5.2.11}$$

式中：x_j、y_j、z_j 为第 j 颗卫星的三维位置。

如果近似知道接收机的位置($\hat{x}$,$\hat{y}$,$\hat{z}$)和时间偏差估计值 $\hat{t}_u$，那么可

以将真值伪距与近似伪距之间的偏离用($\Delta x,\Delta y,\Delta z,\Delta t_{\mathrm{u}}$)标记。将式(5.2.8)~式(5.2.11)按泰勒级数在($\hat{x},\hat{y},\hat{z},\hat{t}_{\mathrm{u}}$)处展开,便可以将偏移量($\Delta x,\Delta y,\Delta z,\Delta t_{\mathrm{u}}$)表示为已知坐标和伪距测量值的线性函数。

记

$$\Delta\rho_j=\hat{\rho}_j-\rho_j,e_{j1}=\frac{x_j-\hat{x}}{\hat{r}_j},e_{j2}=\frac{y_j-\hat{y}}{\hat{r}_j},e_{j3}=\frac{z_j-\hat{z}}{\hat{r}_j} \tag{5.2.12}$$

利用泰勒级数展开可得

$$\Delta\rho_j=e_{j1}\Delta x+e_{j2}\Delta y+e_{j3}\Delta z-c\Delta t_{\mathrm{u}}$$

由于有 4 个未知量 Δx、Δy、Δz 和 Δt_{u},可以通过对 4 颗卫星进行距离测量而将它们解出来。这些未知量可以通过求解下述线性方程组求出:

$$\begin{cases}\Delta\rho_1=e_{11}\Delta x+e_{12}\Delta y+e_{13}\Delta z-c\Delta t_{\mathrm{u}}\\ \Delta\rho_2=e_{21}\Delta x+e_{22}\Delta y+e_{23}\Delta z-c\Delta t_{\mathrm{u}}\\ \Delta\rho_3=e_{31}\Delta x+e_{32}\Delta y+e_{33}\Delta z-c\Delta t_{\mathrm{u}}\\ \Delta\rho_4=e_{41}\Delta x+e_{42}\Delta y+e_{43}\Delta z-c\Delta t_{\mathrm{u}}\end{cases} \tag{5.2.13}$$

式(5.2.13)可以利用

$$\boldsymbol{\Delta\rho}=\begin{bmatrix}\Delta\rho_1\\ \Delta\rho_2\\ \sqrt{\Delta\rho_3}\\ \Delta\rho_4\end{bmatrix},\boldsymbol{H}=\begin{bmatrix}e_{11}&e_{12}&e_{13}&-1\\ e_{21}&e_{22}&e_{23}&-1\\ e_{31}&e_{32}&e_{33}&-1\\ e_{41}&e_{42}&e_{43}&-1\end{bmatrix},\boldsymbol{\Delta X}=\begin{bmatrix}\Delta x\\ \Delta y\\ \Delta z\\ c\Delta t_{\mathrm{u}}\end{bmatrix}$$

写成矩阵形式,即

$$\boldsymbol{\Delta\rho}=\boldsymbol{H}\boldsymbol{\Delta X} \tag{5.2.14}$$

其解为

$$\boldsymbol{\Delta X}=\boldsymbol{H}^{-1}\boldsymbol{\Delta\rho} \tag{5.2.15}$$

一旦计算出未知量,便可以用式(5.2.14)算出用户的坐标 x、y、z 和接收机时钟偏移 t_{u}。只要位移($\Delta x,\Delta y,\Delta z$)是在线性化点的附近,这种线性化方法便是可行的。如果位移的确超出了可接受的值,便重新迭代上述过程,即以算出的点坐标 x、y、z 作为新的估计值,以代替 $\hat{\rho}$。

5.2.2 卫星导航定速原理

卫星导航除为飞行器提供三个位置坐标及精确时间外，还可以提供飞行器速度。在许多现代导航接收机中，通过对载波相位测量值进行处理以精确估计所接收卫星信号的多普勒频率，从而对速度进行测量。在接收机天线上，所接收到的频率 f_{R} 可以用传统的多普勒方程近似表示，即

$$f_{\mathrm{R}}=f_{\mathrm{T}}\left(1-\frac{\boldsymbol{v}_{\mathrm{r}}\cdot\boldsymbol{e}}{c}\right) \tag{5.2.16}$$

式中：f_{T} 为卫星发射信号频率；$\boldsymbol{e}$ 为沿从飞行器指向卫星的直线方向的单位矢量；c 为光速；$\boldsymbol{v}_{\mathrm{r}}$ 为卫星与飞行器的相对速度矢量，是地心惯性坐标系下的速度差，即

$$\boldsymbol{v}_{\mathrm{r}}=\boldsymbol{v}-\dot{\boldsymbol{u}} \tag{5.2.17}$$

其中：$\boldsymbol{v}$ 为卫星速度；$\dot{\boldsymbol{u}}$ 为飞行器速度。

对于第 j 号卫星来说，将式(5.2.17)代入式(5.2.16)可得

$$f_{\mathrm{R}j}=f_{\mathrm{T}j}\left\{1-\frac{1}{c}\left[(\boldsymbol{v}_j-\dot{\boldsymbol{u}})\cdot\boldsymbol{e}\right]\right\} \tag{5.2.18}$$

在接收机中可以获得卫星的实际发射频率，即

$$f_{\mathrm{T}j}=f_0+\Delta f_{\mathrm{T}j} \tag{5.2.19}$$

式中：f_0 为卫星标称发射频率；$\Delta f_{\mathrm{T}j}$ 为由导航电文更新所确定的校正值。

对于第 j 号卫星来说，对所接收信号频率的测量估计值记为 f_j。时钟漂移误差 i_{u}、f_j 和 $f_{\mathrm{R}j}$ 之间关系为

$$f_{\mathrm{R}j}=f_j(1+i_{\mathrm{u}}) \tag{5.2.20}$$

将式(5.2.20)代入式(5.2.18)可得

$$\frac{c(f_j-f_{\mathrm{T}j})}{f_{\mathrm{T}j}}+v_{jx}e_{j1}+v_{jy}e_{j2}+v_{jz}e_{j3}=\dot{x}e_{j1}+\dot{y}e_{j2}+\dot{z}e_{j3}-\frac{cf_ji_{\mathrm{u}}}{f_{\mathrm{T}j}} \tag{5.2.21}$$

式中

$$\boldsymbol{v}_j = (v_{jx} \quad v_{jy} \quad v_{jz}),\boldsymbol{e}_j = (e_{j1} \quad e_{j2} \quad e_{j3}),\dot{\boldsymbol{u}} = (\dot{x},\dot{y},\dot{z})$$

引入新的变量$\boldsymbol{d}_j$，其定义为

$$\boldsymbol{d}_j = \frac{c(f_j - f_{\mathrm{T}j})}{f_{\mathrm{T}j}} + v_{jx}e_{j1} + v_{jy}e_{j2} + v_{jz}e_{j3} \tag{5.2.22}$$

$f_j/f_{\mathrm{T}j}$通常接近于1，简化后，由式(5.2.22)可得

$$\boldsymbol{d}_j = \dot{x}e_{j1} + \dot{y}e_{j2} + \dot{z}e_{j3} - ci_{\mathrm{u}} \tag{5.2.23}$$

这样，有4个未知数$\dot{x}$、$\dot{y}$、$\dot{z}$、i_u，它们可以由对4颗卫星的测量来解出。用矩阵算法解联立方程组以计算未知量。这些矩阵/矢量表示为

$$\boldsymbol{d} = \begin{bmatrix} d_1 \\ d_2 \\ d_3 \\ d_4 \end{bmatrix},\boldsymbol{H} = \begin{bmatrix} e_{11} & e_{12} & e_{13} & -1 \\ e_{21} & e_{22} & e_{23} & -1 \\ e_{31} & e_{32} & e_{33} & -1 \\ e_{41} & e_{42} & e_{43} & -1 \end{bmatrix},\boldsymbol{g} = \begin{bmatrix} \dot{x} \\ \dot{y} \\ \dot{z} \\ ci_{\mathrm{u}} \end{bmatrix}$$

记$\boldsymbol{d} = \boldsymbol{Hg}$，则速度和时间漂移率的解为$\boldsymbol{g} = \boldsymbol{H}^{-1}\boldsymbol{d}$。

在速度公式中所用的频率估计是由相位测量得来的，这种相位测量会受到测量噪声和多径等误差影响。此外，对飞行器速度的计算取决于飞行器位置的精度和对卫星星历及卫星速度的正确掌握。

5.2.3　卫星导航定姿原理

卫星导航姿态测量是近20年来发展起来的技术，其基本原理是用多天线布局，测量天线对构成的基线矢量在导航卫星视线矢量上的投影。如图5.2.2所示，k_1、k_2是两个在距离上分离且安装在飞行器上的导航天线，通过测量多颗卫星在k_1、k_2两个天线上的相位差，经过一定的计算能够解算出基线矢量，由三个或多个天线组成的双基线或多基线测量系统就可以测量载体的三个姿态角，此方式建立的姿态观测方程称为单差方程。

工程应用中为了抵消接收机间的钟差，减小线偏差，提高定姿的精度，还可以用两个单差方程做差分得到双差方程。它的定姿原理与单

差方程一样，只是多了一颗观测卫星，如图 5.2.3 所示。

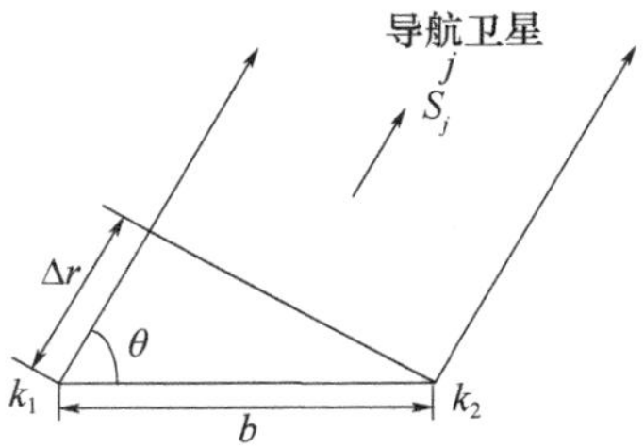

图 5.2.2 单差方程示意图

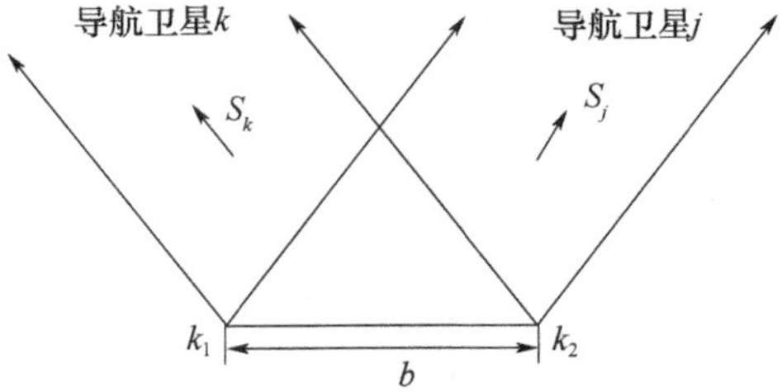

图 5.2.3 双差方程示意图

5.3 惯性/卫星组合导航系统原理

5.3.1 组合模式

惯性/卫星导航系统的组合，根据不同的应用要求可以有不同方式的组合。按照组合深度，可以把组合导航系统大体分为松组合、紧组合和深组合。

1. 松组合

松组合的主要特点是导航接收机和惯性导航系统仍独立工作，组合作用仅表现在用导航接收机辅助惯性导航系统。其原理如图 5.3.1 所示。用导航接收机和惯性导航系统输出的位置与速度信息的差值作为观测量，经组合卡尔曼滤波器估计惯性导航系统的误差，然后对惯性导航系统进行校正。

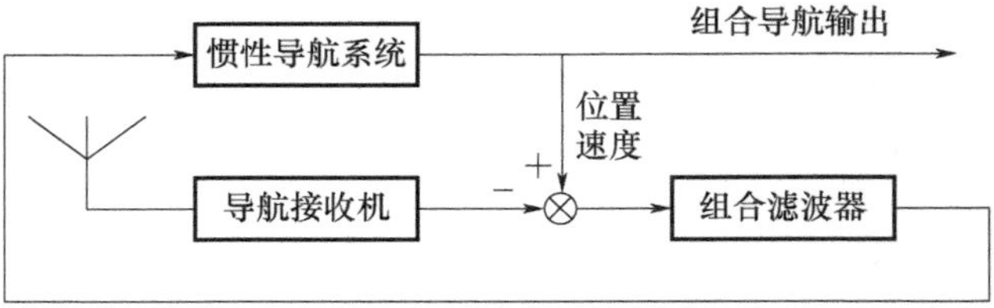

图 5.3.1 位置、速度组合

松组合方式工作比较简单，便于工程实现，而且两个系统仍独立工作，使导航信息有一定余度。

2. 紧组合

与松组合相比，紧组合的基本方式是伪距、伪距率的组合，其原理如图 5. 3. 2所示。用导航接收机给出的星历数据和惯性导航系统给出的位置与速度，解算对应于惯性导航系统位置和速度的伪距 ρ_I 和伪距率 $\dot{\rho}_I$。把 ρ_I、$\dot{\rho}_I$ 与导航接收机测量的 ρ_G、$\dot{\rho}_G$ 相比较作为观测量，通过组合卡尔曼滤波器估计惯性导航系统和导航接收机的误差量，然后对两个系统进行校正。由于导航接收机的测距误差容易建模，因而可以把它扩充为状态，通过组合滤波加以估计，然后对导航接收机进行校正。

伪距、伪距率组合方式比位置、速度组合方式一般具有更高的可靠性。在紧组合中，导航接收机只提供星历数据和伪距、伪距率即可，可以省去导航解算部分。

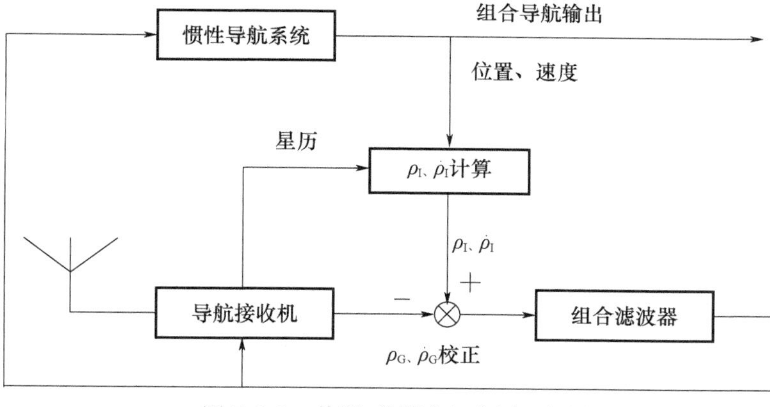

图 5. 3. 2　伪距、伪距率组合原理框图

3. 深组合

深组合技术提出于 20 世纪 90 年代中后期，是美国下一代军用导航系统的重要典型特征。作为一种概念内涵，深组合技术的核心是利

用惯性/卫星组合的导航结果辅助接收机的环路跟踪，并直接采用相关器的输出作为观测量，利用一个组合滤波器完成组合导航和接收机的误差估计，从而使得深组合与以伪距、伪距率为特征的紧组合区分开。

与松组合和紧组合相比，深组合可以改善导航接收机的工作性能，提高导航接收机对高动态运动载体的适应性。目前，国内外科研机构和人员正在对深组合的具体框架体制、滤波方法以及硬件平台等多个方面进行研究。

5.3.2 基本原理

惯性/卫星组合导航的基本原理是以惯性导航系统和卫星导航系统的误差方程作为系统状态方程，以两个系统各自输出的信息差作为量测量，采用卡尔曼滤波器实现高精度的组合导航，如图 5.3.3 所示。

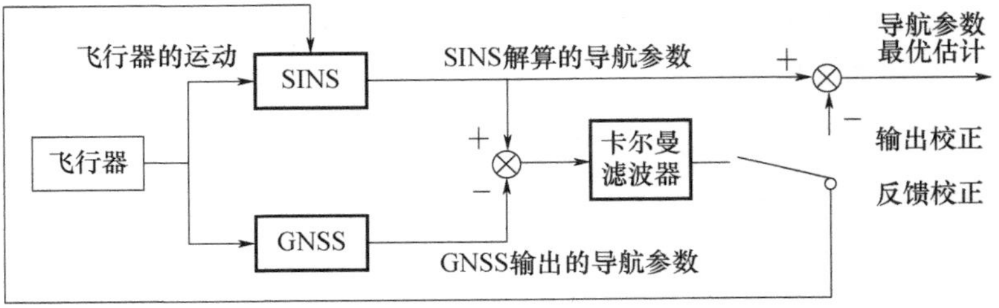

图 5.3.3 间接法滤波示意图

由图 5.3.3 可知，在获得卡尔曼滤波器得到的估计值，即导航误差后，有输出校正法和反馈校正法。

输出校正法是用惯性导航参数误差的估计值 $\Delta\hat{X}_{\mathrm{I}}$ 去校正惯性导航系统输出的导航参数，得到组合导航系统的导航参数估值 $\hat{X}$（经过校正后的系统导航参数值），即 $\hat{X}=X_{\mathrm{I}}-\Delta\hat{X}_{\mathrm{I}}$。输出校正通过对系统的输出进行直接校正来提高导航定位精度，其优点是惯性导航系统与滤波器独立工作，因此系统稳定性好，且易于工程实现。

反馈校正法是将惯性导航参数误差 ΔX_{I} 的估值 $\Delta\hat{X}_{\mathrm{I}}$ 反馈到惯性导航系统内反馈到惯性导航系统内部从而实现对误差状态的校正，即在力学编排方程中对带误差的速度、位置以及姿态转换矩阵进行校正，将校正后的各参数作为初始值进行下一步的导航解算，同时考虑到惯性器件的误差是导致惯性导航系统导航精度下降的直接原因，因此可以利用陀螺漂移和加速度计零偏的估计值直接对惯性器件的输出进行补偿。这也是反馈校正的一种应用。反馈校正方式下惯性导航系统输出的导航参数就是组合导航系统的输出。

5.4　惯性/卫星组合导航系统设计

5.4.1　松组合导航系统设计

松组合是较容易实现的组合方式，惯性导航系统和卫星导航接收机仍基本独立工作，用导航接收机和惯性导航系统输出的位置和速度信息的差值作为观测量，经卡尔曼滤波，估计惯性导航系统的误差，然后对惯性导航系统进行校正。由于卡尔曼滤波采用状态方程和量测方程描述随机线性系统，因此应用卡尔曼滤波之前需要对系统模型进行推导。

1. 组合导航系统的数学模型——状态方程

组合导航系统的数学模型是针对图5.3.1的系统状态方程和量测方程。

当组合导航系统采用线性卡尔曼滤波器时，取惯性导航系统的导航输出参数误差作为状态，惯性导航系统的导航输出参数有9个：3个惯性导航平台误差角，3个速度误差和3个位置误差。选取发射惯性坐标系作为导航坐标系，结合式(4.2.9)、式(4.2.12)和式(4.2.13)，将地球设为旋转椭球体，可列出惯性导航系统误差标量方程。

(1) 平台误差角方程：

$$\begin{bmatrix} \dot{\phi}_x \\ \dot{\phi}_y \\ \dot{\phi}_z \end{bmatrix} = -\boldsymbol{C}_b^n \begin{bmatrix} \varepsilon_x + W_{\varepsilon_x} \\ \varepsilon_y + W_{\varepsilon_y} \\ \varepsilon_z + W_{\varepsilon_z} \end{bmatrix} \tag{5.4.1}$$

（2）速度误差方程：

$$\begin{bmatrix}\delta\dot{V}_x\\ \delta\dot{V}_y\\ \delta\dot{V}_z\end{bmatrix}=\boldsymbol{F}_g\begin{bmatrix}\delta x\\ \delta y\\ \delta z\end{bmatrix}+\boldsymbol{F}_f\begin{bmatrix}\phi_x\\ \phi_y\\ \phi_z\end{bmatrix}+\boldsymbol{C}_b^n\begin{bmatrix}\nabla_x+W_{\nabla x}\\ \nabla_y+W_{\nabla y}\\ \nabla_z+W_{\nabla z}\end{bmatrix} \tag{5.4.2}$$

式中：$(\delta V_x,\delta V_y,\delta V_z)$为飞行器在发射点惯性坐标系下三轴方向上的速度误差；$(\delta x,\delta y,\delta z)$为飞行器在发射点惯性坐标系下三轴方向上的位置误差；$\boldsymbol{F}_g$ 为引力项；$\boldsymbol{F}_f=(\boldsymbol{C}_b^n\cdot\boldsymbol{f}^b)^{\times}$为 $\boldsymbol{C}_b^n\cdot\boldsymbol{f}^b$ 组成的反对称矩阵。

（3）位置误差方程：

$$\begin{bmatrix}\delta\dot{x}\\ \delta\dot{y}\\ \delta\dot{z}\end{bmatrix}=\begin{bmatrix}1&0&0\\0&1&0\\0&0&1\end{bmatrix}\begin{bmatrix}\delta V_x\\ \delta V_y\\ \delta V_z\end{bmatrix} \tag{5.4.3}$$

（4）惯性器件误差。

本章将惯性器件误差统一简化为随机常值考虑。

① 陀螺漂移误差模型：

$$\dot{\varepsilon}_x=0,\dot{\varepsilon}_y=0,\dot{\varepsilon}_z=0 \tag{5.4.4}$$

② 加速度计误差模型：

$$\nabla_x=0,\ \nabla_y=0,\ \nabla_z=0 \tag{5.4.5}$$

将惯性器件误差的6个状态与惯性导航系统导航输出参数误差9个状态合并，可得15维系统状态方程为

$$\dot{\boldsymbol{X}}_{\mathrm{I}}(t)=\boldsymbol{F}_{\mathrm{I}}(t)\boldsymbol{X}_{\mathrm{I}}(t)+\boldsymbol{G}_{\mathrm{I}}(t)\boldsymbol{W}_{\mathrm{I}}(t) \tag{5.4.6}$$

式中：状态矢量 $\boldsymbol{X}_{\mathrm{I}}(t)$和系统噪声矢量 $\boldsymbol{W}_{\mathrm{I}}(t)$分别为

$$\boldsymbol{X}_{\mathrm{I}}(t)=[\phi_x,\phi_y,\phi_z,\delta V_x,\delta V_y,\delta V_z,\delta x,\delta y,\delta z,\varepsilon_x,\varepsilon_y,\varepsilon_z,\ \nabla_x,\ \nabla_y,\ \nabla_z]^{\mathrm{T}} \tag{5.4.7}$$

$$\boldsymbol{W}_{\mathrm{I}}(t)=[W_{\varepsilon_x},W_{\varepsilon_y},W_{\varepsilon_z},W_{\nabla_x},W_{\nabla_y},W_{\nabla_z}]^{\mathrm{T}} \tag{5.4.8}$$

由前面的分析可知，系统的状态系数矩阵 $\boldsymbol{F}_{\mathrm{I}}(t)$和误差系数矩阵 $\boldsymbol{G}_{\mathrm{I}}(t)$分别为

$$F_{\mathrm{I}}(t)=\begin{bmatrix}\mathbf{0}_{3\times3} & \mathbf{0}_{3\times3} & \mathbf{0}_{3\times3} & -C_b^n & \mathbf{0}_{3\times3}\\ F_f & \mathbf{0}_{3\times3} & F_g & \mathbf{0}_{3\times3} & C_b^n\\ \mathbf{0}_{3\times3} & I_{3\times3} & \mathbf{0}_{3\times3} & \mathbf{0}_{3\times3} & \mathbf{0}_{3\times3}\\ \mathbf{0}_{3\times3} & \mathbf{0}_{3\times3} & \mathbf{0}_{3\times3} & \mathbf{0}_{3\times3} & \mathbf{0}_{3\times3}\\ \mathbf{0}_{3\times3} & \mathbf{0}_{3\times3} & \mathbf{0}_{3\times3} & \mathbf{0}_{3\times3} & \mathbf{0}_{3\times3}\end{bmatrix}_{15\times15} \tag{5.4.9}$$

$$G_{\mathrm{I}}(t)=\begin{bmatrix}-C_b^n & \mathbf{0}_{3\times3}\\ \mathbf{0}_{3\times3} & C_b^n\\ \mathbf{0}_{3\times3} & \mathbf{0}_{3\times3}\\ \mathbf{0}_{3\times3} & \mathbf{0}_{3\times3}\\ \mathbf{0}_{3\times3} & \mathbf{0}_{3\times3}\end{bmatrix}_{15\times6} \tag{5.4.10}$$

2. 组合导航系统的数学模型——量测方程

在位置、速度组合方式中(图5.3.1),其观测量是通过将导航解算得到的速度和位置信息减去导航接收机输出的速度与位置信息获得的,此时,量测方程为

$$Z(t)=\mathrm{INS}_{S,V}-\mathrm{GNSS}_{S,V}=\begin{bmatrix}x_{\mathrm{I}}-x_{\mathrm{G}}\\ y_{\mathrm{I}}-y_{\mathrm{G}}\\ z_{\mathrm{I}}-z_{\mathrm{G}}\\ v_{\mathrm{I}x}-v_{\mathrm{G}x}\\ v_{\mathrm{I}y}-v_{\mathrm{G}y}\\ v_{\mathrm{I}z}-v_{\mathrm{G}z}\end{bmatrix}=H(t)X(t)+V(t) \tag{5.4.11}$$

式中:$(x_{\mathrm{I}},y_{\mathrm{I}},z_{\mathrm{I}})$为惯导解算得到的飞行器位置信息在发射惯性坐标系下的三轴分量;$(v_{\mathrm{I}x},v_{\mathrm{I}y},v_{\mathrm{I}z})$为惯导解算得到的飞行器速度信息在发射惯性坐标系下的三轴分量;$(x_{\mathrm{G}},y_{\mathrm{G}},z_{\mathrm{G}})$为导航接收机给出的飞行器位置信息在发射惯性坐标系下的三轴分量;$(v_{\mathrm{G}x},v_{\mathrm{G}y},v_{\mathrm{G}z})$为导航接收机给出的飞行器速度信息在发射惯性坐标系下的三轴分量。

由式(5.4.11)可知,量测方程需要用到卫星导航解算出的位置和

速度,因此松组合导航系统至少需要观测 4 颗卫星。

在获得状态方程和量测方程后,对方程进行离散化,即可利用卡尔曼滤波器进行处理。

5.4.2 紧组合导航系统设计

松组合导航系统的特点是组合方案简单、实现较为容易,但当飞行器进行高动态机动或导航接收机受到环境干扰影响而长时间不能工作时,系统精度将随时间增加而急剧下降,可靠性和抗干扰能力较差。相对于松组合方式,紧组合中导航接收机只提供更为原始、直接的星历和伪距、伪距率数据,不需要进行导航解算,这些信息经过卡尔曼滤波用于对惯性导航系统进行修正,从而使系统获得更好的导航性能。

1. 组合导航系统的数学模型

采用图 5.3.2 所示的原理结构图和伪距、伪距率组合导航系统,导航接收机提供的信号时其内部的伪距和伪距率,其主要误差项为接收机的时钟误差,建模的规律比较清楚。组合导航滤波器的状态由两部分组成:一部分是惯性导航系统的误差状态;另一部分是增加的导航接收机的误差状态。GPS 接收机的误差状态为有色噪声,通常取两个:一个是等效时钟误差相应的距离 δt_u;另一个是等效时钟频率误差相应的距离率 δt_{ru}。

1) 系统的状态方程

将导航接收机等效时钟误差相应的距离和等效时钟频率误差相应的距离率扩展为系统状态,即

$$\boldsymbol{X}_G = [\delta t_u \quad \delta t_{ru}]^T \tag{5.4.12}$$

其微分方程为

$$\begin{cases} \delta \dot{t}_u = \delta t_{ru} + w_{tu} \\ \delta \dot{t}_{ru} = -\beta_{tru}\delta t_{ru} + w_{tru} \end{cases} \tag{5.4.13}$$

式中:β_{tru}为反相关时间常数;w_{tu}和 w_{tu}为白噪声。即

$$\dot{\boldsymbol{X}}_G(t) = \boldsymbol{F}_G(t)\boldsymbol{X}_G(t) + \boldsymbol{G}_G(t)\boldsymbol{W}_G(t) \tag{5.4.14}$$

式中

$$\boldsymbol{F}_{\mathrm{G}}(t)=\begin{bmatrix}0 & 1\\0 & -\beta_{\mathrm{tru}}\end{bmatrix}\tag{5.4.15}$$

$$\boldsymbol{G}_{\mathrm{G}}(t)=\begin{bmatrix}1 & 0\\0 & 1\end{bmatrix}\tag{5.4.16}$$

合并式(5.4.6)和式(5.4.14),则得用伪距和伪距率组合的系统状态方程(17维)为

$$\begin{bmatrix}\dot{\boldsymbol{X}}_{\mathrm{I}}(t)\\ \dot{\boldsymbol{X}}_{\mathrm{G}}(t)\end{bmatrix}=\begin{bmatrix}\boldsymbol{F}_{\mathrm{I}}(t) & 0\\0 & \boldsymbol{F}_{\mathrm{G}}(t)\end{bmatrix}\begin{bmatrix}\boldsymbol{X}_{\mathrm{I}}(t)\\ \boldsymbol{X}_{\mathrm{G}}(t)\end{bmatrix}+\begin{bmatrix}\boldsymbol{G}_{\mathrm{I}}(t) & 0\\0 & \boldsymbol{G}_{\mathrm{G}}(t)\end{bmatrix}\begin{bmatrix}\boldsymbol{W}_{\mathrm{I}}(t)\\ \boldsymbol{W}_{\mathrm{G}}(t)\end{bmatrix}\tag{5.4.17}$$

即

$$\dot{\boldsymbol{X}}(t)=\boldsymbol{F}(t)\boldsymbol{X}(t)+\boldsymbol{G}(t)\boldsymbol{W}(t)\tag{5.4.18}$$

2）系统的量测方程

假设 x、y、z 为飞行器真实位置在发射惯性坐标系下的三轴分量，x_{I}、y_{I}、z_{I} 为惯导解算得到的飞行器位置信息在发射惯性坐标系下的三轴分量,$x_{\mathrm{s}i}$、$y_{\mathrm{s}i}$、$z_{\mathrm{s}i}$ 为导航卫星在发惯系下的三轴分量,得到飞行器与卫星之间的伪距(计算伪距)为

$$\rho_{\mathrm{I}i}=[(x_{\mathrm{I}}-x_{\mathrm{s}i})^2+(y_{\mathrm{I}}-y_{\mathrm{s}i})^2+(z_{\mathrm{I}}-z_{\mathrm{s}i})^2]^{\frac{1}{2}}\tag{5.4.19}$$

把式(5.4.19)相对真实投影 x、y、z 展开成泰勒级数,忽略高阶项，可得

$$\rho_{\mathrm{I}i}=\rho_i+\frac{\partial\rho_{\mathrm{I}i}}{\partial x}\delta x+\frac{\partial\rho_{\mathrm{I}i}}{\partial y}\delta y+\frac{\partial\rho_{\mathrm{I}i}}{\partial z}\delta z\tag{5.4.20}$$

式中:$\rho_i=[(x-x_{\mathrm{s}i})^2+(y-y_{\mathrm{s}i})^2+(z-z_{\mathrm{s}i})^2]^{\frac{1}{2}}$;$\delta x=x_{\mathrm{I}}-x$,$\delta y=y_{\mathrm{I}}-y$,$\delta z=z_{\mathrm{I}}-z$ 为惯导解算的位置误差分量。

令

$$\frac{\partial\rho_{\mathrm{I}i}}{\partial x}=\frac{x-x_{\mathrm{s}i}}{\rho_i}=e_{i1},\frac{\partial\rho_{\mathrm{I}i}}{\partial y}=\frac{y-y_{\mathrm{s}i}}{\rho_i}=e_{i2},\frac{\partial\rho_{\mathrm{I}i}}{\partial z}=\frac{z-z_{\mathrm{s}i}}{\rho_i}=e_{i3}$$

则导航接收机测量得到飞行器与导航卫星之间的伪距为

$$\rho_{Gi}=\rho_i+\delta t_u+v_{\rho i} \tag{5.4.21}$$

式中：$v_{\rho i}$为接收机的噪声。

从而得到伪距差的量测方程为

$$\delta\rho_i=\rho_{Ii}-\rho_{Gi}=e_{i1}\delta x+e_{i2}\delta y+e_{i3}\delta z-\delta t_u-v_{\rho i} \tag{5.4.22}$$

对应于惯导给出的位置处的伪距率为

$$\dot{\rho}_{Ii}=[(x_I-x_{si})(\dot{x}_I-\dot{x}_{si})+(y_I-y_{si})(\dot{y}_I-\dot{y}_{si})+(z_I-z_{si})(\dot{z}_I-\dot{z}_{si})]/\rho_{Ii} \tag{5.4.23}$$

在$(x,y,z,\dot{x},\dot{y},\dot{z})$处进行对$\dot{\rho}_{Ii}$泰勒展开，并忽略高阶项，可得

$$\dot{\rho}_{Ii}=\dot{\rho}_i+\frac{\partial\dot{\rho}_{Ii}}{\partial x}\delta x+\frac{\partial\dot{\rho}_{Ii}}{\partial y}\delta y+\frac{\partial\dot{\rho}_{Ii}}{\partial z}\delta z+\frac{\partial\dot{\rho}_{Ii}}{\partial\dot{x}}\delta\dot{x}+\frac{\partial\dot{\rho}_{Ii}}{\partial\dot{y}}\delta\dot{y}+\frac{\partial\dot{\rho}_{Ii}}{\partial\dot{z}}\delta\dot{z} \tag{5.4.24}$$

$$\frac{\partial\dot{\rho}_{Ii}}{\partial x}=\frac{\dot{x}_I-\dot{x}_{si}}{\rho_{Ii}}-\frac{\dot{\rho}_{Ii}(x_I-x_{si})}{\rho_{Ii}^2}=g_{i1} \tag{5.4.25}$$

同理，可得

$$\begin{cases}\dfrac{\partial\dot{\rho}_{Ii}}{\partial y}=\dfrac{\dot{y}_I-\dot{y}_{si}}{\rho_{Ii}}-\dfrac{\dot{\rho}_{Ii}(y_I-y_{si})}{\rho_{Ii}^2}=g_{i2}\\[2ex]\dfrac{\partial\dot{\rho}_{Ii}}{\partial z}=\dfrac{\dot{z}_I-\dot{z}_{si}}{\rho_{Ii}}-\dfrac{\dot{\rho}_{Ii}(z_I-z_{si})}{\rho_{Ii}^2}=g_{i3}\\[2ex]\dfrac{\partial\dot{\rho}_{Ii}}{\partial\dot{x}}=e_{i1},\dfrac{\partial\dot{\rho}_{Ii}}{\partial\dot{y}}=e_{i2},\dfrac{\partial\dot{\rho}_{Ii}}{\partial\dot{z}}=e_{i3}\end{cases} \tag{5.4.26}$$

导航接收机测量得到载体与导航卫星之间的伪距率为

$$\dot{\rho}_{Gi}=\dot{\rho}_i+\delta t_{ru}+v_{\dot{\rho}i} \tag{5.4.27}$$

伪距率差的量测方程为

$$\begin{aligned}\delta\dot{\rho}_i&=\dot{\rho}_{Ii}-\dot{\rho}_{Gi}=\frac{\partial\dot{\rho}_{Ii}}{\partial x}\delta x+\frac{\partial\dot{\rho}_{Ii}}{\partial y}\delta y+\frac{\partial\dot{\rho}_{Ii}}{\partial z}\delta z+\frac{\partial\dot{\rho}_{Ii}}{\partial\dot{x}}\delta\dot{x}+\frac{\partial\dot{\rho}_{Ii}}{\partial\dot{y}}\delta\dot{y}+\frac{\partial\dot{\rho}_{Ii}}{\partial\dot{z}}\delta\dot{z}\\&\quad-\delta t_{ru}-v_{\rho i}=g_{i1}\delta x+g_{i2}\delta y+g_{i3}\delta z+e_{i1}\delta\dot{x}+e_{i2}\delta\dot{y}+e_{i3}\delta\dot{z}-\delta t_{ru}-v_{\rho i}\end{aligned} \tag{5.4.28}$$

若取几何位置好的 n 颗可见星，构成伪距、伪距率组合导航系统的

量测方程：

$$\boldsymbol{Z}=\begin{bmatrix}\delta\rho_1\\ \delta\dot{\rho}_1\\ \vdots\\ \delta\rho_n\\ \delta\dot{\rho}_n\end{bmatrix}=\begin{bmatrix}\boldsymbol{0}_{1\times3} & \boldsymbol{0}_{1\times3} & \boldsymbol{e}_{1\times3} & \boldsymbol{0}_{1\times3} & \boldsymbol{0}_{1\times3} & 1 & 0\\ \boldsymbol{0}_{1\times3} & \boldsymbol{e}_{1\times3} & \boldsymbol{g}_{1\times3} & \boldsymbol{0}_{1\times3} & \boldsymbol{0}_{1\times3} & 0 & 1\\ & & & \vdots & & & \\ \boldsymbol{0}_{1\times3} & \boldsymbol{0}_{1\times3} & \boldsymbol{e}_{1\times3} & \boldsymbol{0}_{1\times3} & \boldsymbol{0}_{1\times3} & 1 & 0\\ \boldsymbol{0}_{1\times3} & \boldsymbol{e}_{1\times3} & \boldsymbol{g}_{1\times3} & \boldsymbol{0}_{1\times3} & \boldsymbol{0}_{1\times3} & 0 & 1\end{bmatrix} \tag{5.4.29}$$

式中：$\boldsymbol{e}_{1\times3}=[e_{i1}\quad e_{i2}\quad e_{i3}]$；$\boldsymbol{g}_{1\times3}=[g_{i1}\quad g_{i2}\quad g_{i3}]$。

由式(5.4.29)可知，量测方程仅需要用到导航接收机测量的伪距和伪距率，但不需要解算飞行器的位置和速度。由于系统是对惯性导航的位置和速度误差进行估计，为保证紧组合导航系统的正常运行，至少需要观测3颗卫星。与松组合方式相比，需要观测卫星的数量减少，提高了系统的可靠性。

在得到状态方程和量测方程后，对其进行离散化，就可以采用卡尔曼滤波器进行处理了，具体处理过程与5.4.1节类似。

5.5　仿真结果分析

仿真中选用1975年国际椭球体作为地球参考椭球模型，半长轴为6378140m，扁率为1/298.57，地心引力常数为$3986005\times10^{8}\mathrm{m}^3/\mathrm{s}^2$。

导航坐标系选为发射惯性坐标系，首先设计飞行器的飞行轨迹，假设飞行器发射点的经度为135°，纬度为45°，高程为10m，发射方位角为45°，选取飞行器的某飞行段进行仿真，在发射惯性坐标系下该飞行段起始点的位置为$[2924004,\ -637984,\ 180908]^{\mathrm{T}}$m，速度为$[6138,\ -3471,\ -152]^{\mathrm{T}}$m/s，飞行时间为2000s，飞行器主发动机处于关机状态，只有姿控发动机产生指定的姿态变化，相应的飞行轨迹如图5.5.1～图5.5.9所示。

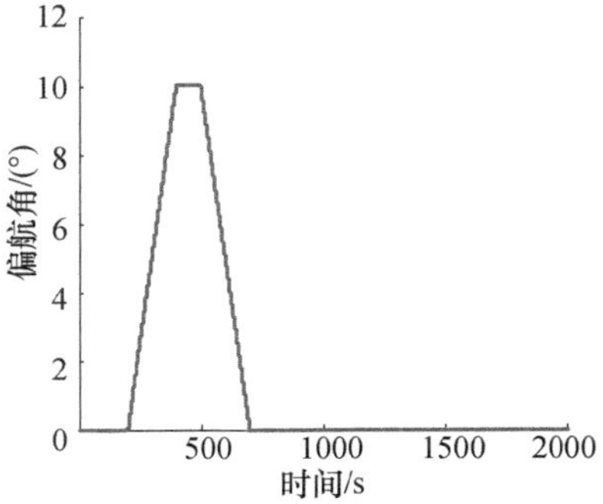

图 5.5.1　偏航角变化曲线

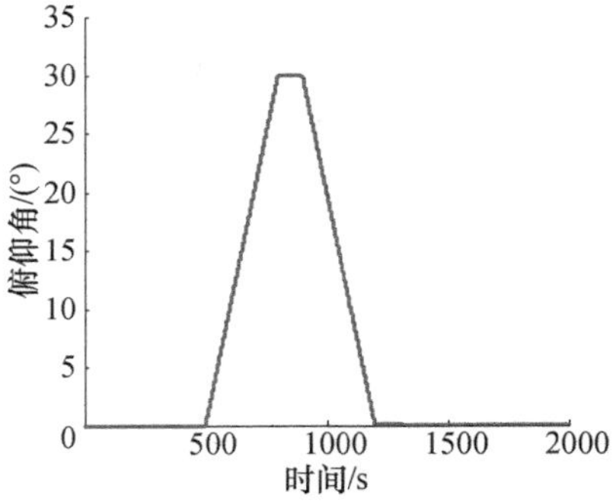

图 5.5.2　俯仰角变化曲线

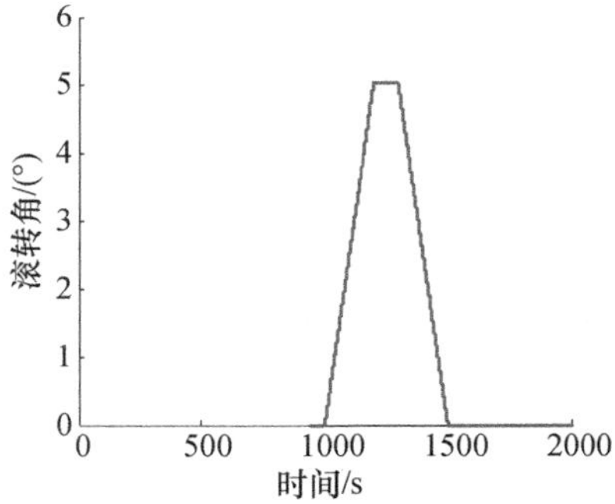

图 5.5.3　滚转角变化曲线

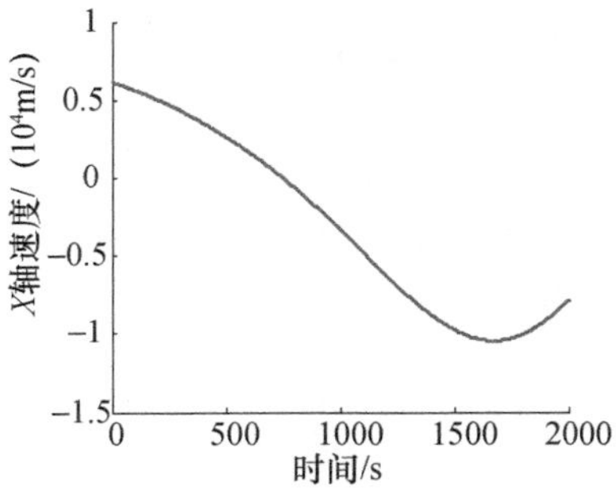

图 5.5.4　X 轴速度变化曲线

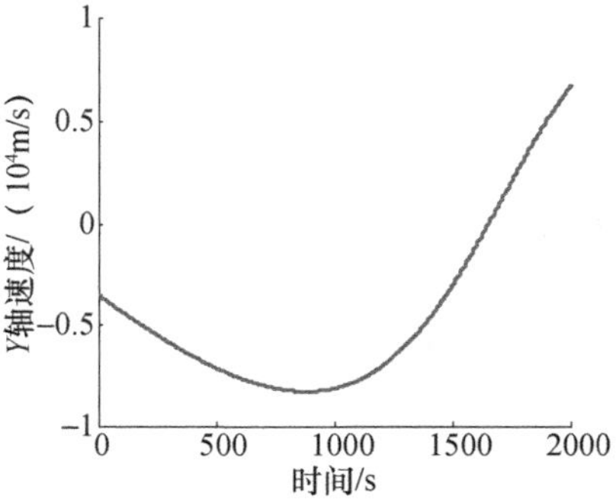

图 5.5.5　Y 轴速度变化曲线

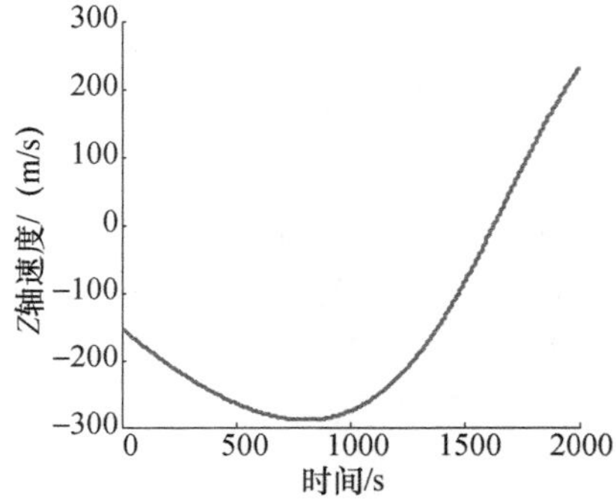

图 5.5.6　Z 轴速度变化曲线

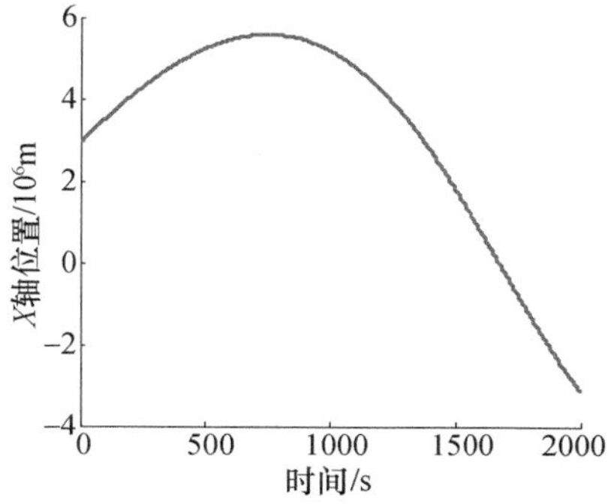

图5.5.7　X轴位置变化曲线

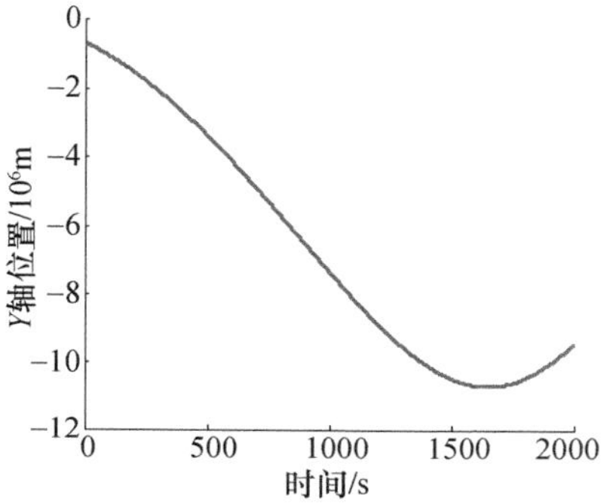

图5.5.8　Y轴位置变化曲线

针对设定的飞行轨迹，取陀螺仪的常值漂移为0.02(°)/h，白噪声均方根为0.01(°)/h；加速度计零偏为0.001g，白噪声均方根为0.0001g；惯导解算周期为0.1s，只在惯导作用下得到的仿真结果如图5.5.10～图5.5.18所示。

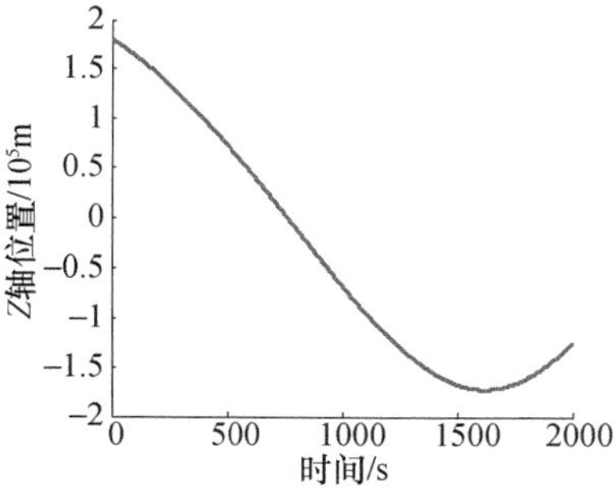

图5.5.9　Z轴位置变化曲线

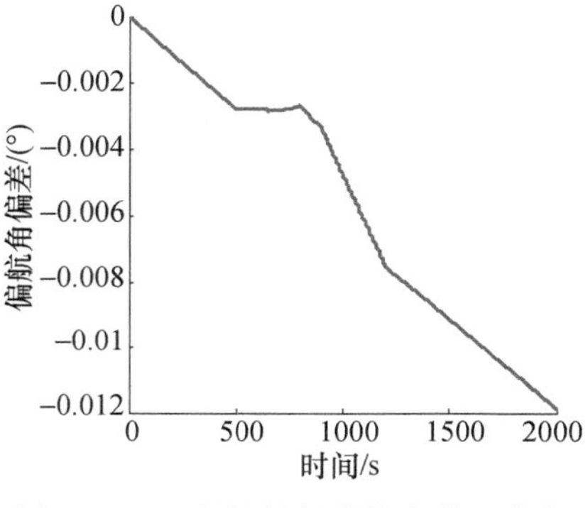

图5.5.10　惯性导航偏航角偏差曲线

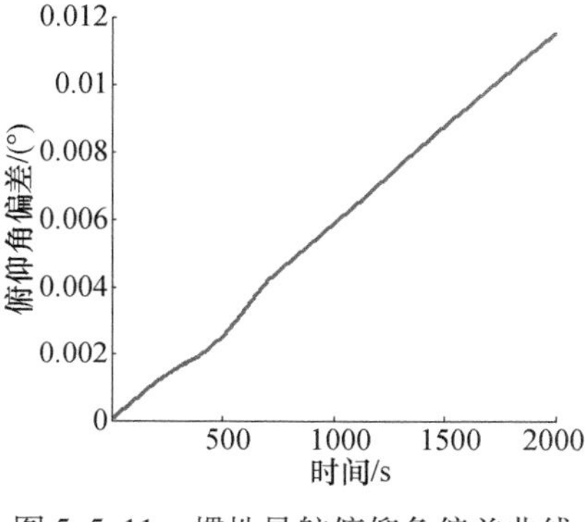

图5.5.11　惯性导航俯仰角偏差曲线

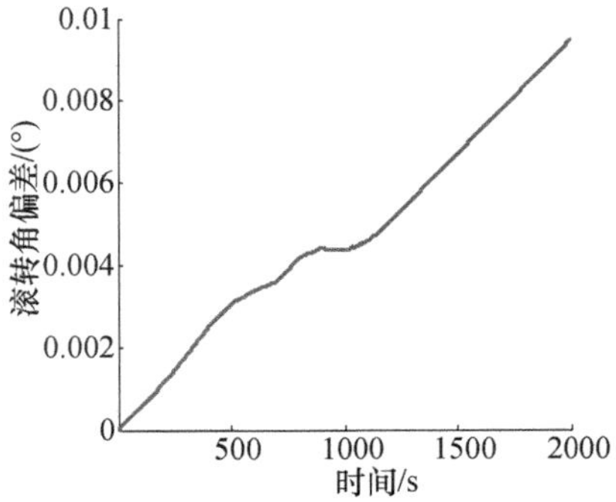

图 5.5.12 惯性导航滚转角偏差曲线

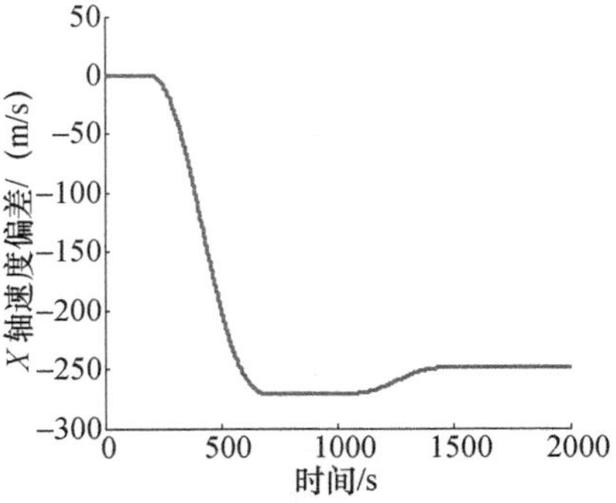

图 5.5.13 惯性导航 X 轴速度偏差曲线

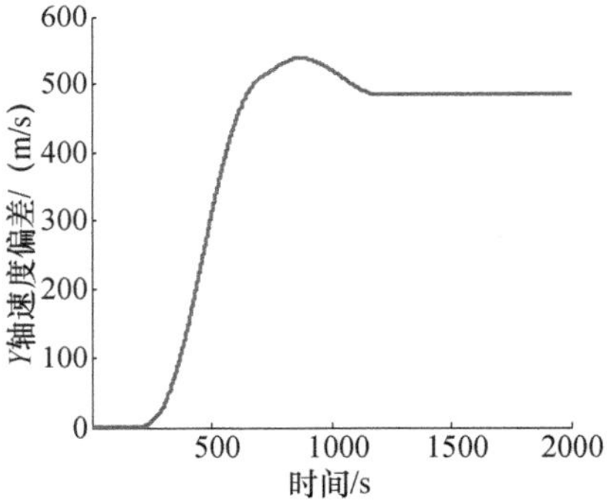

图 5.5.14 惯性导航 Y 轴速度偏差曲线

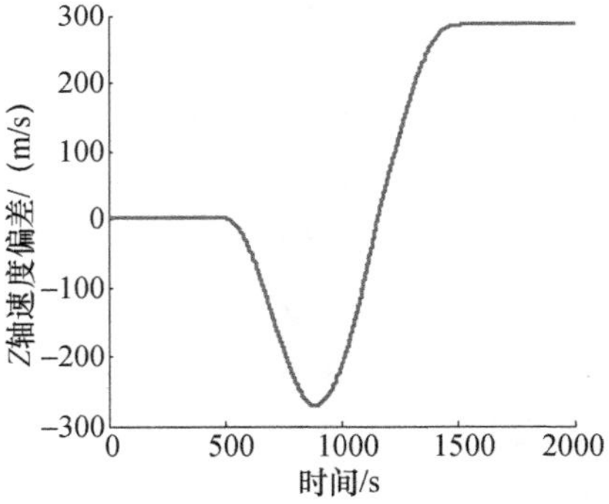

图 5.5.15 惯性导航 Z 轴速度偏差曲线

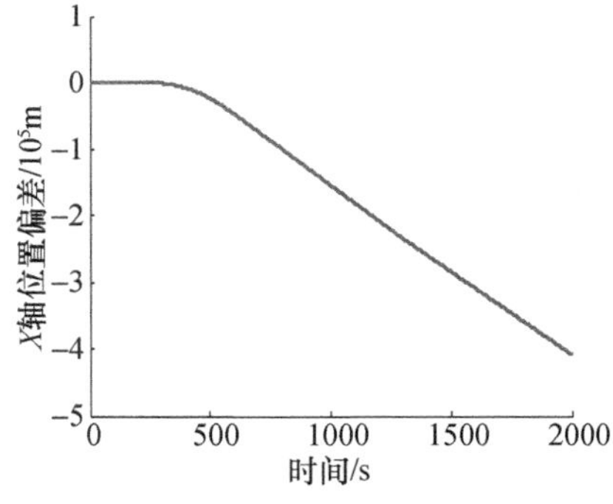

图 5.5.16 惯性导航 X 轴位置误差曲线

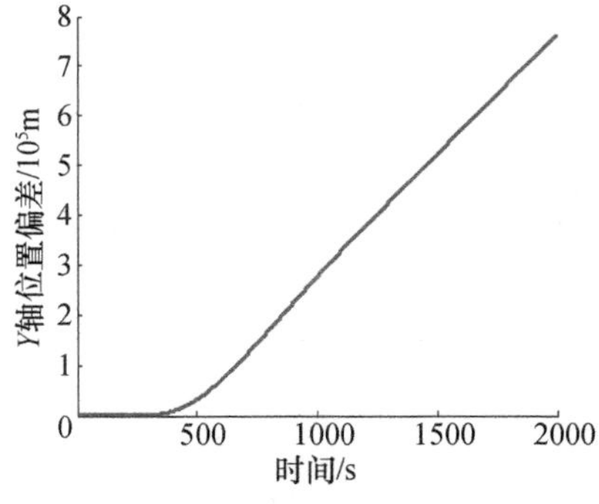

图 5.5.17 惯性导航 Y 轴位置误差曲线

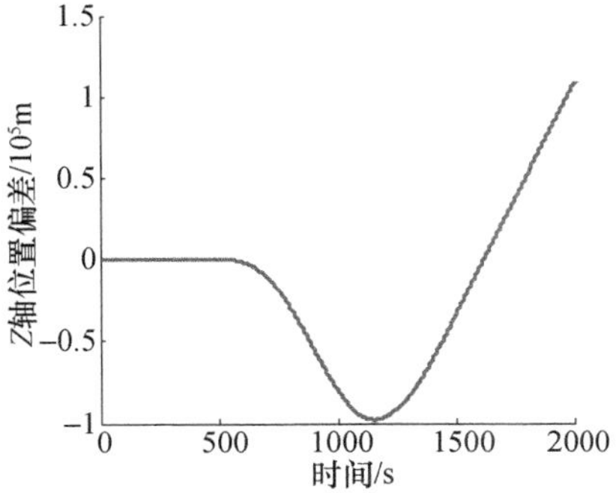

图 5.5.18　惯性导航 Z 轴位置误差曲线

由仿真结果可知,惯性导航系统导航误差随时间发散(特别是位置和速度),无法满足飞行器长期高精度导航的需求,必须与其他的导航系统进行组合。

5.5.1　松组合仿真分析

取 GPS 接收机测量位置和速度的均方差分别为 10m、0.5m/s,测量周期为 1s,当无 GPS 量测量时,只进行预测,仿真结果如图 5.5.19 ~ 图 5.5.27 所示。

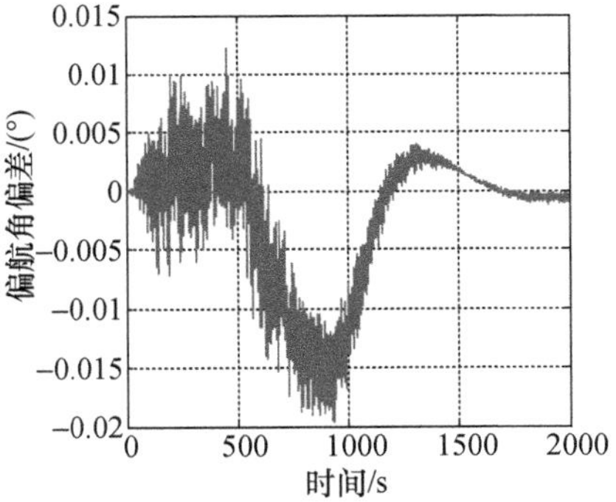

图 5.5.19　松组合偏航角偏差曲线

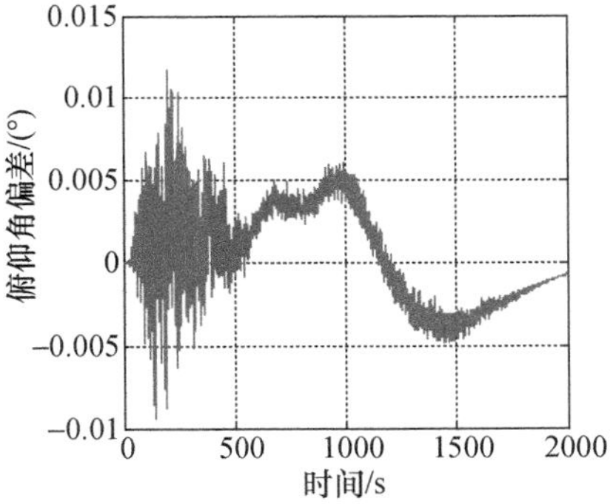

图 5.5.20　松组合俯仰角偏差曲线

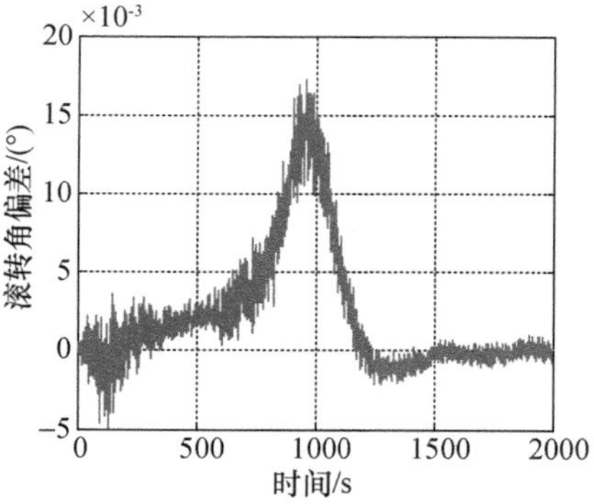

图 5. 5. 21　松组合滚转角偏差曲线

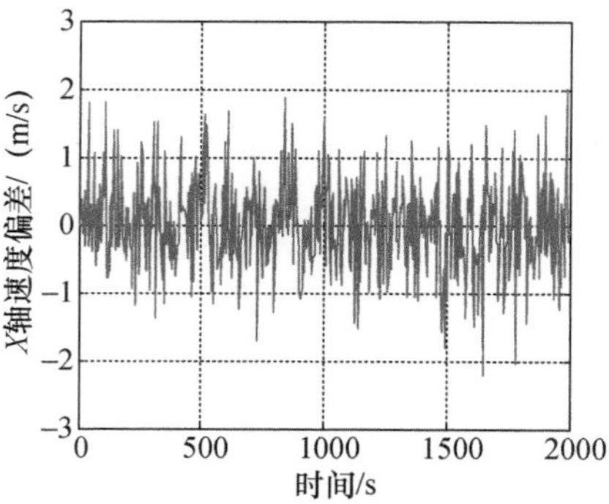

图 5. 5. 22　松组合 X 轴速度偏差曲线

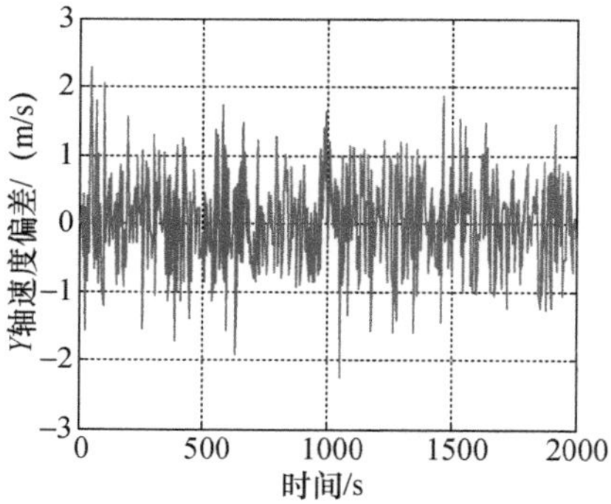

图 5. 5. 23　松组合 Y 轴速度偏差曲线

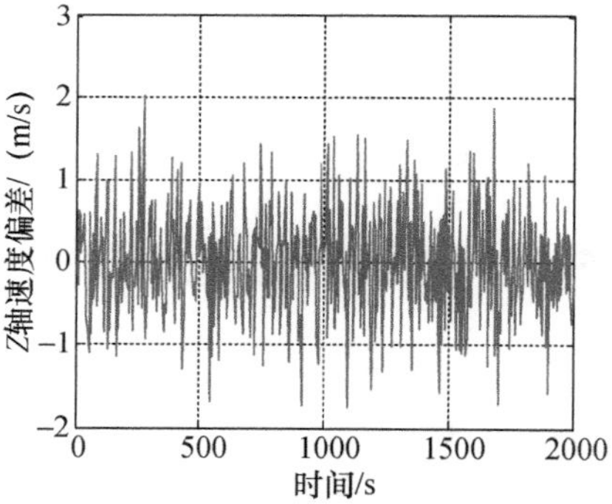

图 5. 5. 24　松组合 Z 轴速度偏差曲线

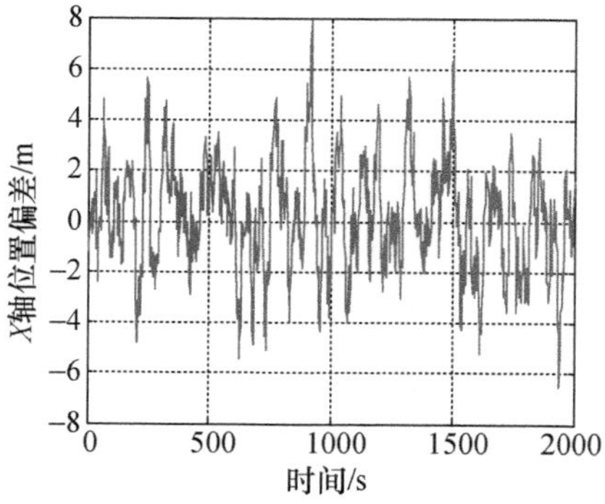

图 5. 5. 25　松组合 X 轴位置偏差曲线

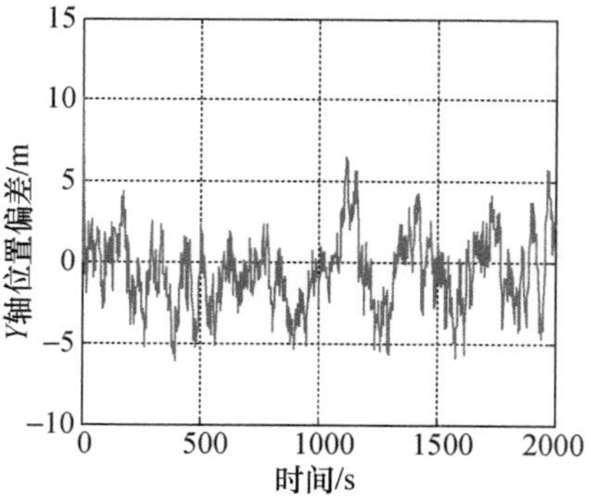

图 5. 5. 26　松组合 Y 轴位置偏差曲线

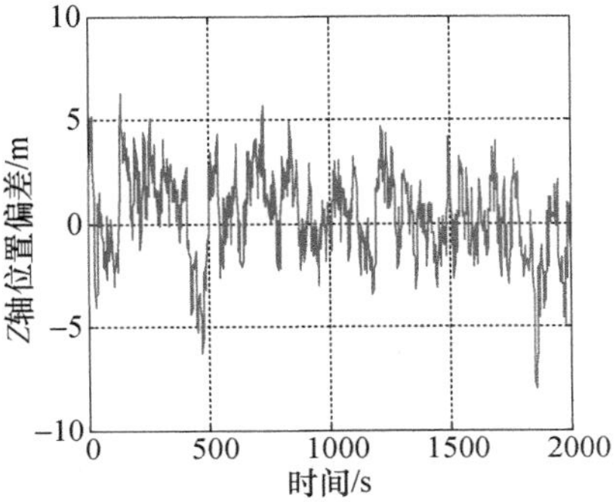

图 5.5.27 松组合 Z 轴位置偏差曲线

由仿真结果可知，松组合能够大幅度提高速度和位置的导航精度，但由于输出校正并不能修正惯性导航系统内部的误差，同时由于卫星导航系统对姿态的跟踪能力不高，因此对姿态误差的修正能力有限。

5.5.2 紧组合仿真分析

取 GPS 接收机测量伪距和伪距率的均方差分别为 10m 和 0.5m/s，测量周期为 1s，时钟偏置等效距离和距离变化率的误差初值分别为 5m 和 0.2m/s，相关时间为 50s，当无 GPS 量测量时，只进行预测，仿真结果如图 5.5.28 ~ 图 5.5.36所示。

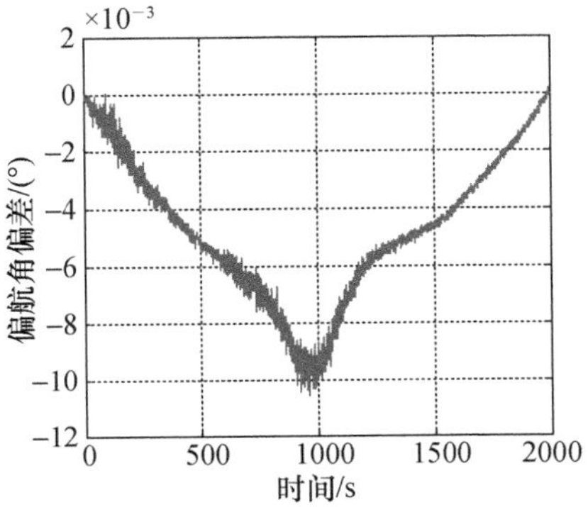

图 5.5.28 紧组合偏航角偏差曲线

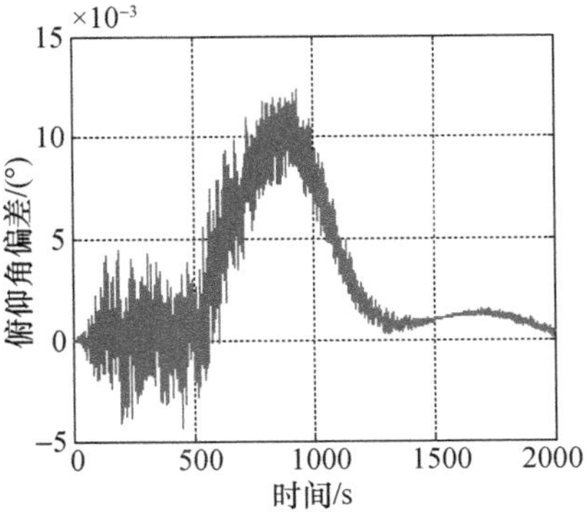

图 5.5.29 紧组合俯仰角偏差曲线

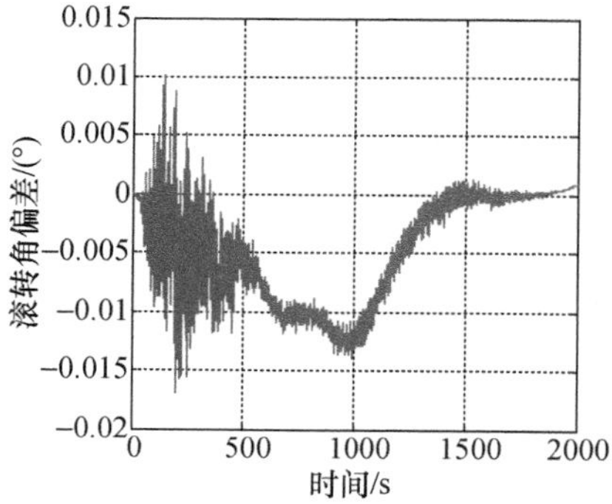

图 5.5.30　紧组合滚转角偏差曲线

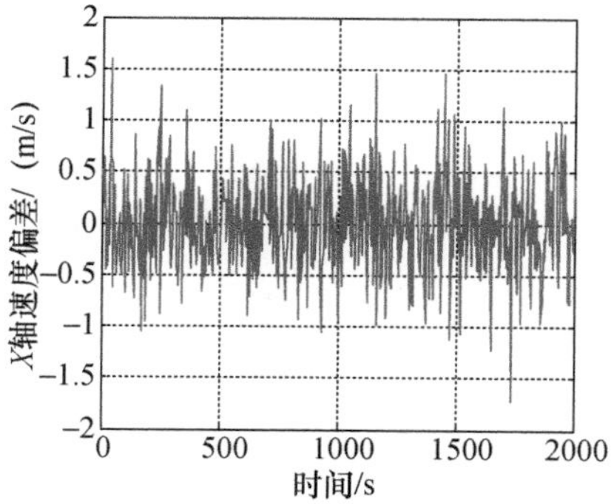

图 5.5.31　紧组合 X 轴速度偏差曲线

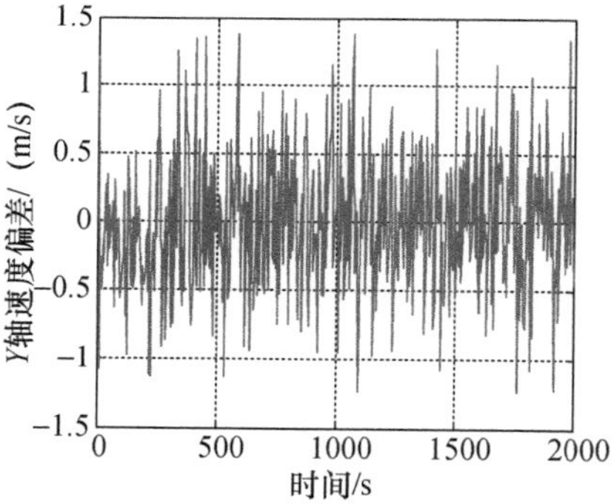

图 5.5.32　紧组合 Y 轴速度偏差曲线

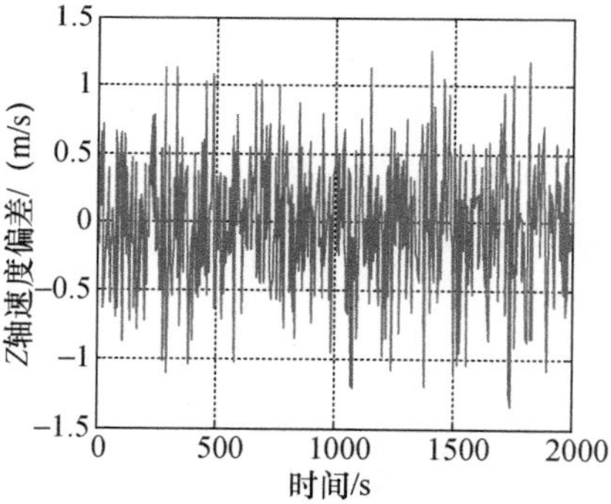

图 5.5.33　紧组合 Z 轴速度偏差曲线

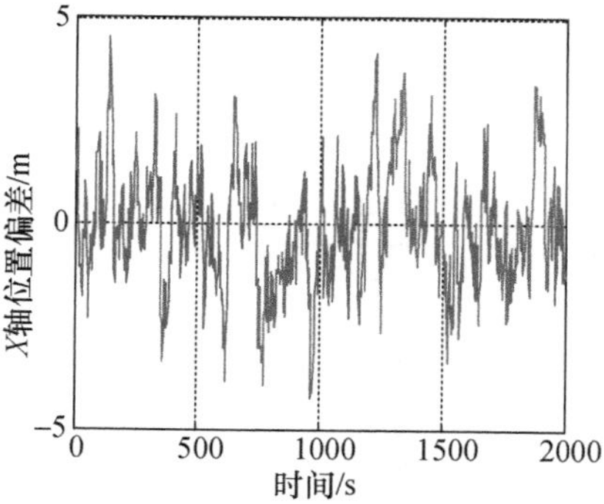

图 5.5.34　紧组合 X 轴位置偏差曲线

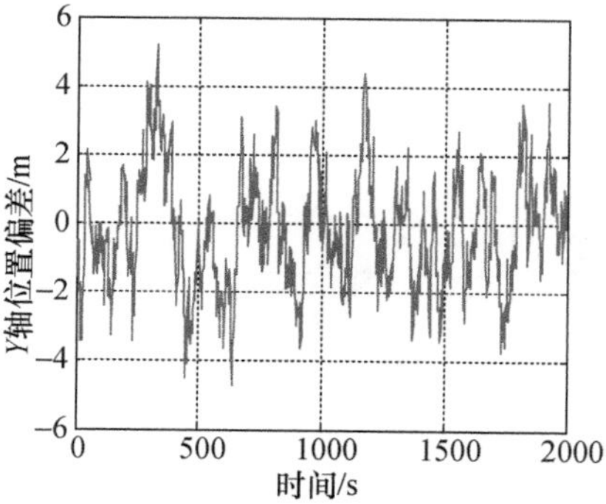

图 5.5.35　紧组合 Y 轴位置偏差曲线

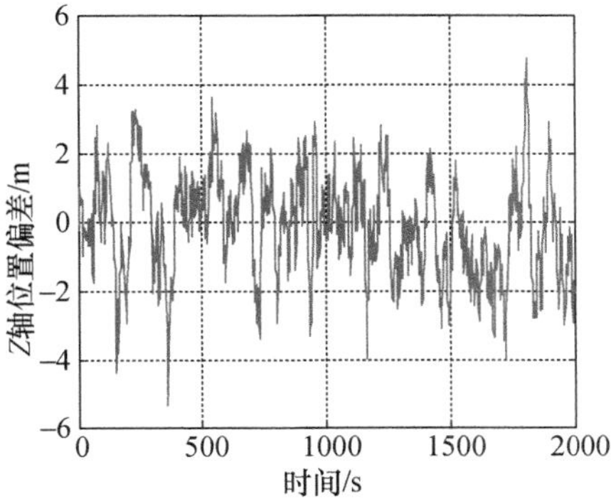

图 5.5.36 紧组合 Z 轴位置偏差曲线

由上面的仿真结果可知，与单纯的惯性导航系统相比，紧组合能够大幅度提高速度和位置的导航精度，同时，与松组合方式相比，导航效果相差不大，而且观测量只选用了3颗导航星的数据，比松组合方式具有更好的抗干扰能力。

参考文献

[1] 全伟. 惯性/天文/卫星组合导航技术[M]. 北京：国防工业出版社，2011.

[2] Scott G, Demoz G E. GNSS应用与方法[M]. 杨东凯，等译. 北京：电子工业出版社，2011.

[3] Elliott D K, Christopher J H. GPS原理与应用[M]. 寇艳红，译. 北京：电子工业出版社，2007.

[4] 张勤，李家权. GPS测量原理及应用[M]. 北京：科学出版社，2005.

[5] 陈少华. 高轨机动航天器SINS/GPS/CNS自主导航技术研究[D]. 南京：南京航空航天大学，2012.

[6] 廖鹤. 轨道机动航天器的SINS/GPS组合导航系统算法研究[D]. 哈尔滨：哈尔滨工业大学，2007.

[7] 马松. 空间机动平台SINS/GPS组合导航系统研究[D]. 哈尔滨：哈尔滨工业大学，2010.

[8] 谷志军. 星载卫星，惯性深层全组合导航技术研究[D]. 长沙：国防科学技术大学，2004.

[9] 刘建业. 导航系统理论与应用[M]. 西安：西北工业大学出版社，2010.

[10] 张健. 基于GPS的航天器姿态确定研究[D]. 哈尔滨：哈尔滨工业大学，2009.

第6章 惯性/天文组合导航技术

6.1 引 言

轨道转移飞行器处于中高轨道时,接收机接收到的导航卫星信号较弱,甚至在一段时间内无法接收到导航卫星信号,此时无法利用惯性/卫星组合导航技术来提高惯性导航精度。

天文导航是利用天体敏感器测量得到的天体信息进行导航的技术。由于低轨存在大气折射等干扰因素,天文导航通常在飞行器处于中高轨道时使用。与惯性导航相比,天文导航的误差不随时间积累,将惯性导航和天文导航进行组合,是在卫星导航信号不可用情况下保证导航系统精度的重要手段。

本章重点介绍天文导航中以星敏感器为主的导航技术,在此基础上,简单介绍利用惯性导航、星敏感器和辅助手段的组合对轨道转移飞行器进行轨道和姿态确定的技术。

6.2 天文导航原理

6.2.1 定姿原理

星敏感器通过对恒星的辐射敏感来测量飞行器中某一基准轴与已知恒星视线之间的夹角,因此星敏感器可以获取相对于惯性空间的方位信息。把星敏感器安装在飞行器上,并使本体坐标系和星敏感器坐标系重合;恒星基准坐标系选择为地心惯性坐标系。所以星敏感器的输出是本体坐标系相对于惯性坐标系的三个姿态角。在实际使用中,比较常见的是直接应用本体坐标系相对于惯性坐标系的坐标变换矩阵。

1. 星敏感器测量姿态的基本过程(图 6.2.1)

(1) 光学系统将视场中的星空成像到探测器上,探测器将每个像元上的光信号转换成电信号,并经过模/数转换成为数字信号,获得数字星图,数字星图是探测器对像面图像信息采样的结果。

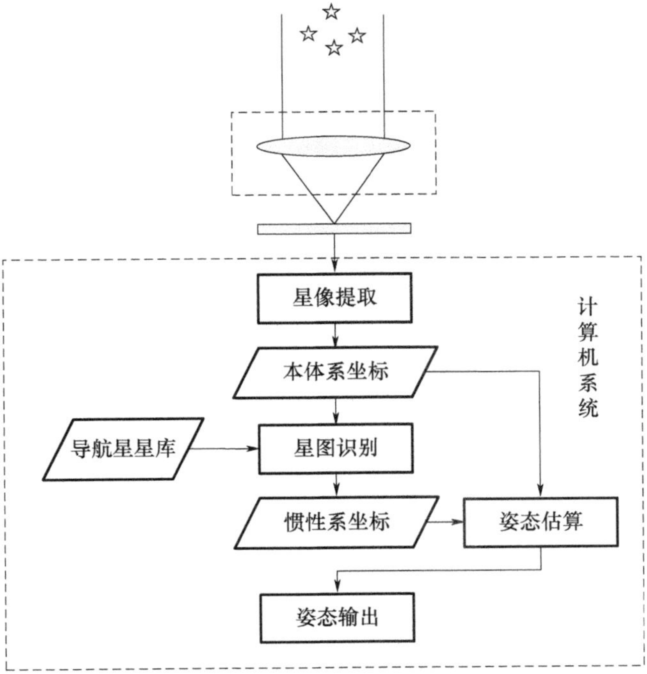

图 6.2.1　星光定姿基本原理

(2) 星载计算机开展星像提取,计算星图中观测星星像的位置和亮度。在数字图像中,通过灰度值反映各像元的亮度(本书统一将像元的亮度称为灰度)。为提高星像位置精度,让像面离焦,星像弥散斑扩散到几个像元,按照下式求星像亮度质心(x_b,y_b):

$$x_b = \frac{\sum x_i f(x_i, y_i)}{\sum f(x_i, y_i)}, y_b = \frac{\sum y_i f(x_i, y_i)}{\sum f(x_i, y_i)}$$

式中：(x_i, y_i)为单颗星星像弥散斑内第 i 个像元在本体坐标系 $X_b Y_b$ 平面上的坐标；$f(x_i, y_i)$为该像元的灰度值。

观测星在本体坐标系中的方位余弦矢量为

$$\boldsymbol{V}_b = \begin{bmatrix} V_{bx} \\ V_{by} \\ V_{bz} \end{bmatrix} = \frac{-1}{\sqrt{x_b^2 + y_b^2 + z_b^2}} \begin{bmatrix} x_b \\ y_b \\ -f \end{bmatrix}$$

星像亮度值为

$$f(x_b, y_b) = \sum f(x_i, y_i)$$

（3）通过星图识别确定观测星在惯性坐标系中的位置。当前视场中多颗观测星组成一个星组，星图识别程序根据它们在本体坐标系中的方向余弦矢量 $\boldsymbol{V}_b$，计算观测星星组的特征，并与导航星星组特征进行匹配。如果匹配结果唯一，则识别成功。导航星星库存储有导航星在惯性坐标系中的坐标数据，由此得到成功识别的观测星在惯性坐标系中的坐标。

（4）根据上述识别观测星的本体坐标系、惯性坐标系方位余弦矢量 $\boldsymbol{V}_b$ 和 $\boldsymbol{V}_i$，计算得到本体坐标系和惯性坐标系间的旋转关系，确定当前星敏感器的三轴指向，完成姿态估算。

2. 星光定姿需要注意的事项

1）导航星表的建立与筛选

导航星表是天文导航系统实现导航功能必不可少的基本数据，没有它就不能完成星图识别。导航星表中的星称为导航星，导航星表中包含导航星的赤经、赤纬和星等基本信息。

选择导航星时要求如下：

（1）星等应和所用星敏感器的性能匹配，即星敏感器所能观测到的恒星应包含在导航星表内。因此星等应等于或者高于星敏感器的极限星等，还要保证视场内导航星数目能满足识别的要求。

（2）在能满足正常识别的前提下使星等尽可能小，这样可以减小导航星表的容量,而且导航星表中星的总数少也能减小冗余配对的概率,进而识别速度也能提高。

2）星图图像预处理

星图图像预处理主要包括去除噪声和星点质心提取,由于实拍的星图受光敏器件的暗电流和星空背景等因素的影响,会存在一定噪声,一般会用中值滤波、线性滤波等方法进行去噪声,然后使用质心提取算法确定星点的坐标。星图图像预处理过程(图6.2.2)如下:

（1）滤波去噪。星图是用CCD相机拍摄而得的,故星图噪声的主要来源是光学成像系统的像差、散射、衍射等,噪声会恶化图像的质量,使图像的特征模糊,给分析带来了困难。因此,在图像特征提取之前应先进行滤波处理。通常对彩色星图灰度化之后即可进行滤波处理,由于星图中星点的灰度值近似服从高斯分布,为有效抑制噪声,可采用邻域平均法来进行滤波去噪声。

（2）阈值分割。为从星图背景中提取目标,需要选择一个阈值来将星体目标和图像背景分割开来,选定的阈值太小会提取到冗余信息,而选定的阈值过大会把一些有用信息去掉,所以确定一个最佳阈值是星点提取的重要前提。通常可利用Bernsen算法计算局部阈值,该算法的思路:在局部图像中找出最大的像素灰度值和最小的像素灰度值,以两者的平均值作为提取目标像素的阈值。

（3）连通域分析。在阈值分割获得二值图像后,需要进一步利用连通域算法将单个星体目标和其他星体目标分开,即通过分析星点目标的大小和形态来定位星点目标,将目标所包含的像素合并,并将目标星体与其他星体分离。经过连通性分析以后,各个星体目标为具有相同像素点的集合,为了尽可能消除噪声对星点提取的影响,对占像素点少于或等于三个的星点应当舍弃。

（4）质心提取。质心提取是利用探测器的各像元输出信号计算得到星点位置的过程,得到了星点位置才能进行下一步的姿态计算,故星点位置提取精度直接决定了姿态测量的精度。为能从星图中获得更高的星体位置定位精度,常采用离焦的方式,使恒星在CCD感光面上的成像点扩散到较多的像素上。

图 6.2.2　星图图像预处理过程

3）星图识别

星图识别是将由星敏感器视场中实时观测到的恒星组成的星图和由导航星库中的导航星组成的星图进行特征匹配，来确定观测星与导航星的对应关系。目前星图识别方法根据特征提取的方式不同可以大致分为两大类：

（1）子图同构法，即以星与星之间的角距为边，星为顶点，将视场内的观测星图看成是整个天球星图中的一个子图。它们直接或者间接的利用角距信息，以线段、三角形或是四边形等为基本匹配元素，并按照一定方式组织导航特征数据库。这类方法主要有多边形角距算法，最大匹配组算法，三角形算法等。

（2）采用星模式的星图识别算法，该算法认为每颗星都有其不同的模式，它以观测星一定临域内其他星的几何分布特征作为该观测星的特征模式。该类方法更接近一般意义上的模式匹配问题。这类方法中比较典型的有栅格算法。

4）星敏感器定姿

由图 6.2.1 可知，实现星敏感器定姿需要获得两方面的信息。

（1）本体坐标系下的导航星信息，通过星敏感器获得。图 6.2.3 为星敏感器的量测原理。

将所获得导航星在 CCD 面阵上的影像通过质心提取，得到像点坐标为(x_c, y_c)，这样便可获得导航星单位矢量。该矢量在本体坐标系中可表示为

$$\boldsymbol{W}_i = \begin{bmatrix} -\sin\alpha_i\cos\delta_i \\ \cos\alpha_i\cos\delta_i \\ -\sin\delta_i \end{bmatrix} = \frac{1}{\sqrt{x_{ci}^2 + y_{ci}^2 + f^2}}\begin{bmatrix} -x_{ci} \\ -y_{ci} \\ f \end{bmatrix} \tag{6.2.1}$$

式中：$\boldsymbol{W}_i$ 为观测矢量；f 为星敏光学透镜的焦距；α、δ 为恒星矢量在星敏观测过程中与坐标轴、坐标平面所成的两个角。

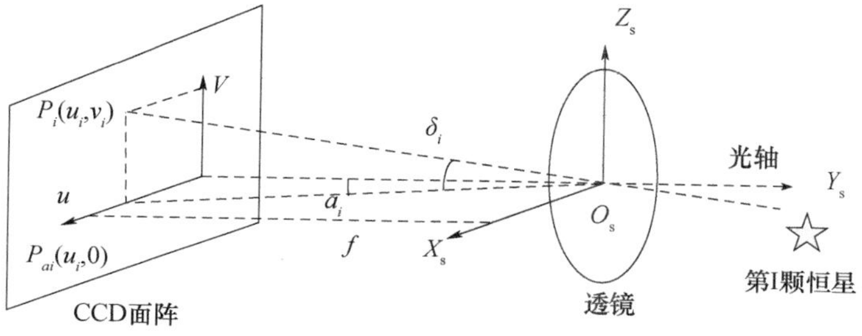

图 6.2.3　星敏感器量测原理

（2）惯性坐标系下的导航星信息。通过星图识别，得出靶面像点所对应的恒星在天球坐标系下的坐标（GHA，δ），GHA、δ 为该恒星拍摄时刻在惯性坐标系下的格林时角、赤纬。则恒星单位矢量在地心惯性坐标系下的位置坐标表示为

$$\boldsymbol{V}_i=\begin{bmatrix}\cos\mathrm{GHA}_i\cos\delta_i\\ \sin\mathrm{GHA}_i\cos\delta_i\\ \sin\delta_i\end{bmatrix}\tag{6.2.2}$$

式中：$\boldsymbol{V}_i$ 为参考矢量。

如果已知两颗或多颗恒星的位置，就可以确定从惯性坐标系到本体坐标系的姿态转换矩阵，进而可以求解飞行器惯性姿态，即星敏感器的输出姿态角。在轨道转移飞行器的姿态解算中，一个经常遇到的问题是如何从一系列矢量量测中求解出坐标变换矩阵。该坐标变换矩阵满足

$$\boldsymbol{A}\boldsymbol{V}_i=\boldsymbol{W}_i,i=1,\cdots,n\tag{6.2.3}$$

通过以上分析不难看出，$\boldsymbol{W}_1,\cdots,\boldsymbol{W}_n$ 与 $\boldsymbol{V}_1,\cdots,\boldsymbol{V}_n$ 表示的是相同的 n 个矢量分别在星敏坐标系（与本体坐标系重合）与参考坐标系（通常是惯性坐标系）中测量得到的坐标表示，故矩阵 $\boldsymbol{A}$ 的解算过程即可求得本体坐标系到惯性系的坐标转移矩阵。姿态解算常用的方法有

TRAID 算法、多矢量定姿算法、q 方法、QUEST 方法等。

6.2.2 定位原理

星敏感器只能直接测量姿态信息，对于轨道转移飞行器而言，地平方向是一个非常重要的观测量，通过敏感地平可以获得轨道转移飞行器的位置信息。

敏感地平的方式一般可分为直接敏感地平和间接敏感地平两类。

(1) 直接敏感地平通常是指利用红外地球敏感器等测量飞行器垂线方向或飞行器至地球边缘的切线方向，算得地心矢量在飞行器本体坐标系中的方向。根据飞行器、所观测的导航星和地球之间的几何关系，结合轨道动力学方程和滤波估计方法即可获得高精度的位置、速度等导航信息。

(2) 间接敏感地平通常是指利用星光折射，即当星光通过地球大气时，由于大气密度不均匀，因此在飞行器上观测到的恒星光线会发生折射，弯向地心方向，从而使恒星的视位置比实际位置上移。如果测量得到一颗接近地平方向的已知恒星的折射角，就可计算得到折射光线相对于地球的视高度，该视高度恰好是飞行器位置的函数，通过一系列观测数据并结合轨道动力学方程进行滤波即可获得飞行器的位置、速度等导航信息。

1. 直接敏感地平原理

如图 6.2.4 所示，直接敏感地平方法中常用星光角距 β（恒星视线方向与地心矢量方向间的夹角）作为观测量，由几何关系可知其具体表达式为

$$\beta = \arccos\left(-\frac{\boldsymbol{r} \cdot \boldsymbol{s}}{r}\right) \tag{6.2.4}$$

式中：$\boldsymbol{r}$ 为飞行器在地心惯性坐标系中的位置矢量，由地球敏感器测得；$\boldsymbol{s}$ 为导航星星光方向的单位矢量，由星敏感器测得。

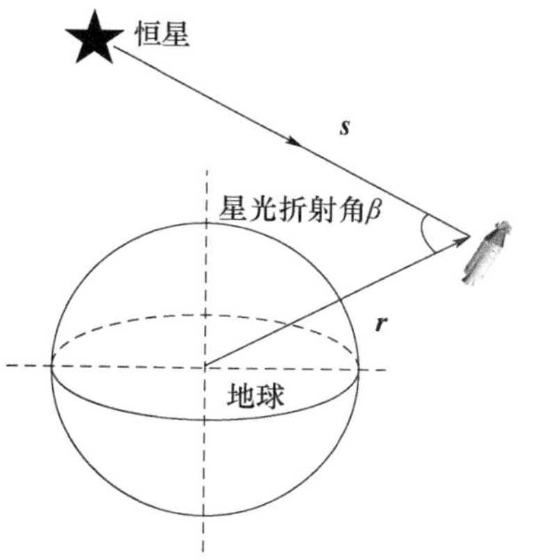

图6.2.4　直接敏感地平的观测模型

2. 间接敏感地平原理

星光通过地球大气时，光线会向地心方向偏折。从轨道上看，当恒星的真实位置已经下沉时，其视位置还保持在地平之上。从飞行器上观测的折射光线相对于地球的视高度为 h_a，而实际上它在距离地面一个略低的高度 h_g，如图6.2.5所示。

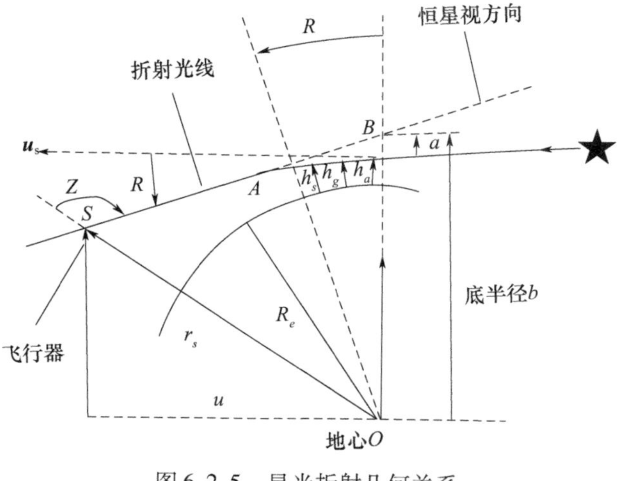

图6.2.5　星光折射几何关系

量测星光折射角的目的是因为其中包括了与飞行器位置有关的信息，而折射角 R 和星光折射高度 h_g 与飞行器位置没有直接的几何关系，只有视高度 h_a 才能起到将折射角 R 与飞行器位置联系起来的桥梁作用，则有

$$h_a(R,\rho) = h_0 - H\ln R + H\ln\left[k(\lambda)\rho_0\left(\frac{2\pi R_e}{H}\right)^{\frac{1}{2}}\right] + R\left(\frac{HR_e}{2\pi}\right)^{\frac{1}{2}} \tag{6.2.5}$$

式中：ρ_0 为高度 h_0 处的密度；H 为密度标尺高度；$k(\lambda)$ 为散射参数。

式(6.2.5)揭示了视高度 h_a 与折射角 R、大气密度 ρ 之间的关系。

另外，从图 6.2.5 还可以看出

$$h_a = \sqrt{r_s^2 - u^2} + u\tan R - R_e - a \tag{6.2.6}$$

式中：$u = |\boldsymbol{r}_s \cdot \boldsymbol{u}_s|$，$\boldsymbol{r}_s$ 为飞行器的位置矢量，$\boldsymbol{u}_s$ 为未折射前星光的方向矢量。

式(6.2.5)和式(6.2.6)建立了折射量测与飞行器位置之间的关系，这是将星光折射应用于轨道转移飞行器定位的关键。

当把星光折射概念用于飞行器导航时，不仅需要一套完整的星图，还需要准确建立大气折射模型。最终的导航精度将取决于量测误差、折射星光的数目与方向以及飞行器轨道的类型等。

6.3　惯性/天文组合导航系统设计

星敏感器观测量能精确地获得本体坐标系与惯性坐标系间的姿态关系，从而修正惯性坐标系下的陀螺漂移，以提高导航系统的定姿精度。尽管星敏感器的像差、地球极轴的进动和章动等因素使恒星方向有微小的变化，但是它们所造成的姿态误差小于 1″，因此星敏感器本质上相当于没有漂移的陀螺，可以用来修正惯性导航系统的姿态误差。通常采用的方式是将惯性导航系统与星敏感器获取的姿态信息之差作为量测，通过滤波器估计并补偿惯性导航系统姿态误差以及陀螺漂移。

轨道转移飞行器的惯性导航系统和星敏感器通常均采用捷联方式安装，即采用全捷联工作模式，此时由星敏感器输出的姿态信息可以得

到飞行器的三轴姿态信息(θ、ψ 和 γ),而惯性导航系统通过惯导解算也会给出载体的三轴姿态信息(θ_0、ψ_0 和 γ_0),因此将两者相减可得到载体的三轴姿态误差角为

$$\Delta\boldsymbol{\varepsilon}=\begin{bmatrix}\varepsilon_\theta\\ \varepsilon_\psi\\ \varepsilon_\gamma\end{bmatrix}=\begin{bmatrix}\theta-\theta_0\\ \psi-\psi_0\\ \gamma-\gamma_0\end{bmatrix}\tag{6.3.1}$$

由于捷联惯性导航系统的误差模型为数学平台失准角方程,因此需要将姿态误差角转换成数学平台失准角才能作为组合导航滤波器的观测量。将姿态误差角转换成数学平台失准角表达式为

$$\boldsymbol{\varphi}=[\varphi_x\quad\varphi_y\quad\varphi_z]^{\mathrm{T}}=\boldsymbol{M}\cdot\Delta\boldsymbol{\varepsilon}\tag{6.3.2}$$

式中:$\boldsymbol{M}$ 为姿态误差角转换矩阵,且有

$$\boldsymbol{M}=\begin{bmatrix}0 & \sin\theta & -\cos\psi\cos\theta\\ 1 & 0 & \sin\varphi\\ 0 & \cos\theta & -\cos\psi\sin\theta\end{bmatrix}$$

惯性/天文组合导航示意图如图 6.3.1 所示,在该组合方式中,将 SINS 的误差方程作为组合系统状态方程,将数学平台失准角作为系统量测值,一般星敏感器数据的输出频率比惯性导航系统采集角增量、视速度等原始数据的频率要低,所以通常在惯性导航系统计算若干周期以后,再将解算结果同星敏感器数据一起输入最优估计滤波器,通过滤波器估计并修正惯性导航系统的数学平台失准角,同时也估计出三个

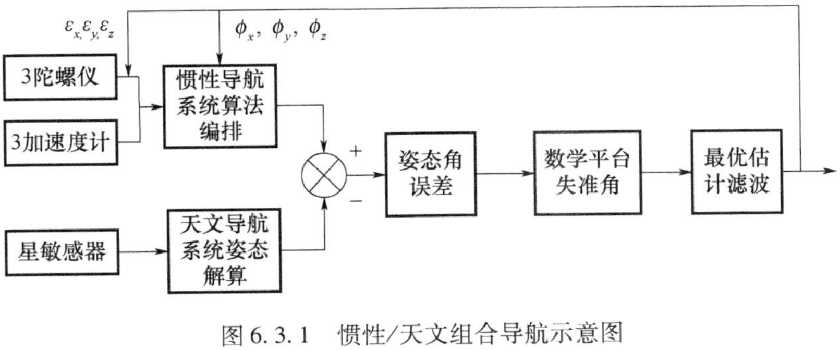

图 6.3.1　惯性/天文组合导航示意图

陀螺仪的漂移误差,然后直接对陀螺仪量测信息进行校正。

以发射惯性坐标系作为导航坐标系,组合导航系统的状态方程与式(5.4.6)相同。取观测量为姿态失准角 $\boldsymbol{\varphi}$,则姿态的观测方程为

$$\boldsymbol{Z}_a(t) = [\varphi_x \quad \varphi_y \quad \varphi_z]^{\mathrm{T}} = \boldsymbol{H}_a\boldsymbol{X}(t) + \boldsymbol{V}_a(t) \tag{6.3.3}$$

其中:$\boldsymbol{H}_a = [\boldsymbol{I}_{3\times3} \quad \boldsymbol{0}_{3\times12}]$;$V_a$ 为星敏感器量测噪声。

根据状态和观测方程估计出失准角和陀螺漂移后,下一步是对数学平台和陀螺仪的输出进行修正。

(1) 数学平台的修正。由于失准角一般为小量,设修正前后的姿态矩阵分别为 $\boldsymbol{C}_b^{n_1}$ 和 $\boldsymbol{C}_b^{n_2}$,则由4.2.3节中捷联惯性导航系统的误差分析即式(4.2.8),有

$$\boldsymbol{C}_b^{n_2} = \begin{bmatrix} 1 & -\varphi_z & \varphi_y \\ \varphi_z & 1 & -\varphi_x \\ -\varphi_y & \varphi_x & 1 \end{bmatrix}\boldsymbol{C}_b^{n_1} \tag{6.3.4}$$

利用式(6.3.4)即可对捷联姿态矩阵进行修正。

对惯性导航系统的数学平台失准角进行修正还可采用四元数误差补偿法,设未补偿前的四元数为 $\boldsymbol{q}_1$,由转动四元数定理可知补偿后的四元数为

$$\boldsymbol{q}_2 = \left(1 + \frac{\varphi_x}{2}\boldsymbol{i} + \frac{\varphi_y}{2}\boldsymbol{j} + \frac{\varphi_z}{2}\boldsymbol{k}\right)\otimes\boldsymbol{q}_1 \tag{6.3.5}$$

展开后可得

$$\begin{cases} q_{20} = q_{10} - q_{11}\dfrac{\varphi_x}{2} - q_{12}\dfrac{\varphi_y}{2} - q_{13}\dfrac{\varphi_z}{2} \\ q_{21} = q_{11} + q_{10}\dfrac{\varphi_x}{2} - q_{12}\dfrac{\varphi_z}{2} + q_{13}\dfrac{\varphi_y}{2} \\ q_{22} = q_{12} + q_{10}\dfrac{\varphi_y}{2} + q_{11}\dfrac{\varphi_z}{2} - q_{13}\dfrac{\varphi_x}{2} \\ q_{23} = q_{13} + q_{10}\dfrac{\varphi_z}{2} - q_{11}\dfrac{\varphi_y}{2} + q_{12}\dfrac{\varphi_x}{2} \end{cases} \tag{6.3.6}$$

经过归一化处理,可得

$$\hat{\boldsymbol{q}}_2 = \frac{\boldsymbol{q}_2}{\|\boldsymbol{q}_2\|} \tag{6.3.7}$$

式(6.3.6)和式(6.3.7)组成了姿态误差角的校正过程，$\hat{\boldsymbol{q}}_2$ 为校正后的四元数。

(2) 陀螺输出的修正。设修正前后陀螺的输出量分别为 ω_x、ω_y、ω_z 和 $\hat{\omega}_x$、$\hat{\omega}_y$、$\hat{\omega}_z$，则有

$$\begin{cases} \hat{\omega}_x = \omega_x - \varepsilon_x \\ \hat{\omega}_y = \omega_y - \varepsilon_y \\ \hat{\omega}_z = \omega_z - \varepsilon_z \end{cases} \tag{6.3.8}$$

在获得校正后的状态量，可继续进行下一次的导航计算。

6.4　仿真结果分析

首先设计飞行器的飞行轨迹，导航坐标系选为发射惯性坐标系，假设飞行器发射点的经度为118°，纬度为32°，初始高度为0，发射方位角为90°，选取飞行器的某飞行段进行仿真，仿真时间为600s。针对设定的飞行轨迹，取陀螺仪的常值漂移为0.2(°)/h，白噪声均方根为0.2(°)/h；星光误差仪误差21″；惯导的解算周期为0.02s。模拟轨迹与仿真结果如图6.4.1～图6.4.7所示。

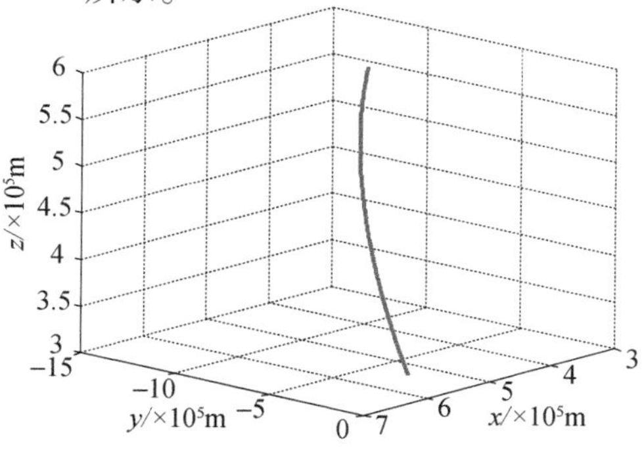

图6.4.1　模拟轨迹

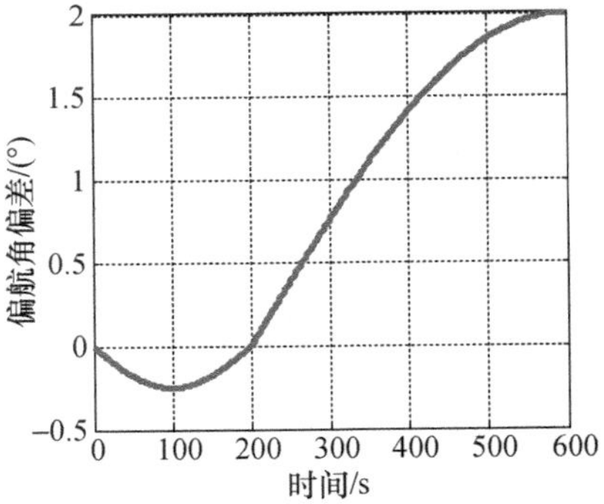

图 6. 4. 2　惯导偏航角度偏差

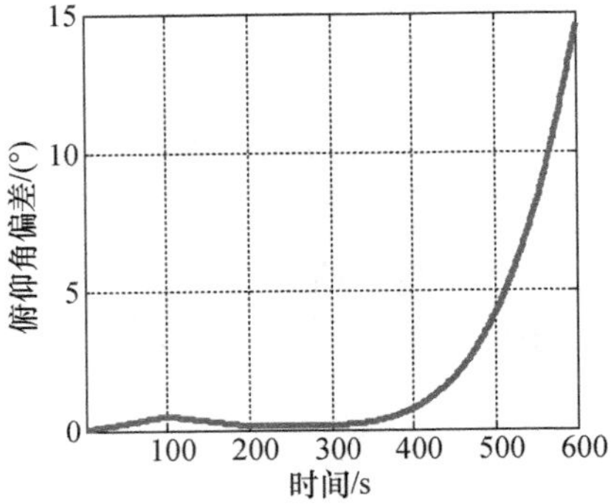

图 6. 4. 3　惯导俯仰角度偏差

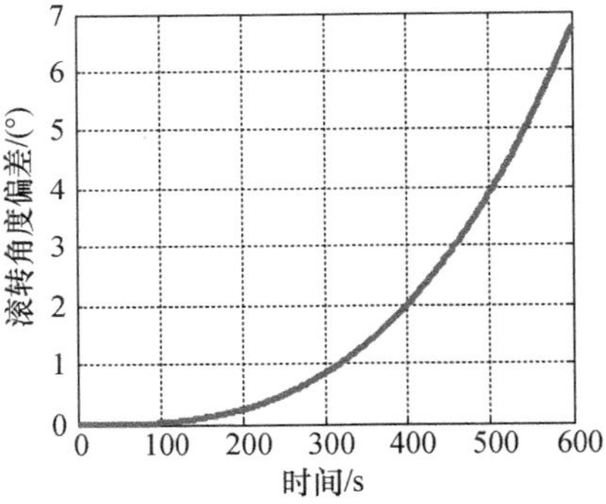

图 6. 4. 4　惯导滚转角度偏差

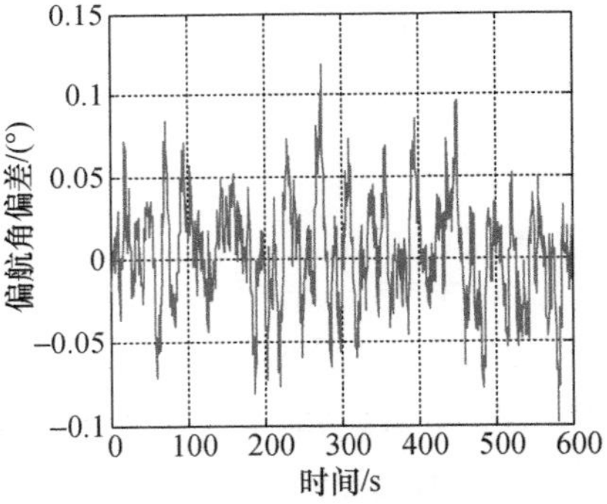

图 6. 4. 5　组合导航偏航角度偏差

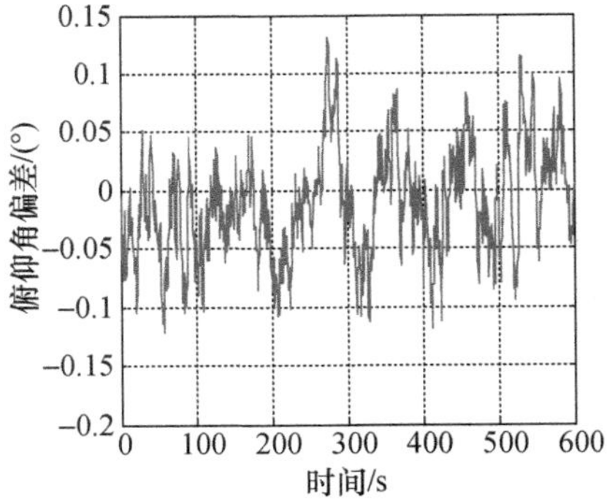

图 6. 4. 6　组合导航俯仰角度偏差

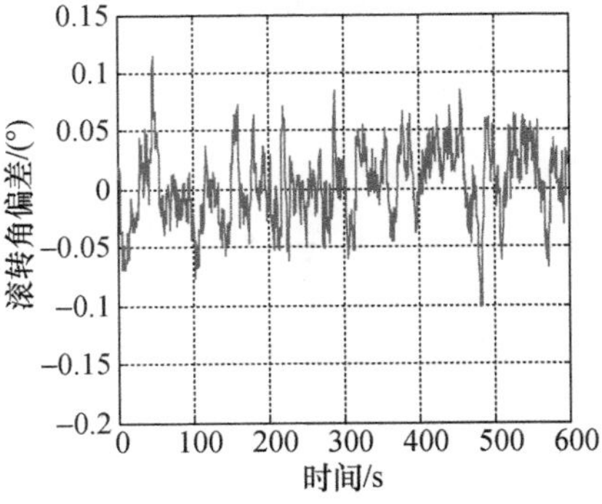

图 6. 4. 7　组合导航滚转角度偏差

由上面的仿真结果可知，与单纯的惯性导航系统相比，惯性/天文组合导航系统能够大幅度提高姿态角的导航精度，有效地修正了惯导的工具误差，可以完成更高要求的导航任务。

参考文献

[1] 李易洁. 大椭圆轨道航天器自主导航滤波算法研究[D]. 哈尔滨:哈尔滨工业大学, 2012.

[2] 张承. 空天飞行器惯性/天文组合导航技术研究[D]. 南京:南京航空航天大学, 2012.

[3] 房建成,宁晓琳. 天文导航原理及应用[M]. 北京:北京航空航天大学出版社, 2006.

[4] 张利宾. 火箭上面级导航, 中途修正与姿态控制研究[D]. 哈尔滨:哈尔滨工业大学, 2010.

[5] 钱霙婧. 地月空间拟周期轨道上航天器自主导航与轨道保持研究[D]. 哈尔滨: 哈尔滨工业大学, 2013.

[6] 陈少华. 高轨机动航天器 SINS/GPS/CNS 自主导航技术研究[D]. 南京:南京航空航天大学, 2012.

[7] 周宝林. 惯性/天文组合导航系统半物理仿真研究[D]. 哈尔滨:哈尔滨工业大学, 2009.

[8] 姜雪原, 马广富, 罗晶. 红外地平仪姿态测量误差模型[J]. 宇航学报, 2003, 24(2): 138 - 143.

[9] 唐琼. 基于星光折射航天器自主轨道确定[D]. 西安:西北工业大学, 2007.

[10] 李超兵,袁艳艳,王丹晔. 基于特征图形匹配法的高效星图识别方法[J]. 中国空间科学技术,2016,36(4):9 - 16.

第7章 惯性器件冗余容错与故障重构技术

7.1 引　言

惯性导航系统作为精密的仪器设备,不仅应具有较高的精度指标,还必须具备较高的工作可靠性。提高惯性导航系统可靠性一般采用两种方法:一是提高单个器件的可靠性,降低故障率;二是采用冗余设计的思想,在系统中加入额外的硬件资源和算法,当系统中某一器件出现故障时,可通过冗余的部件和算法对故障进行检测和重构,达到吸收或隔离故障的目的。受生产工艺水平限制,通过提高单个器件可靠性的方式保证惯性导航系统可靠性的空间有限。大量研究表明,采用冗余技术对于改善系统可靠性效果明显。

惯性器件冗余方案主要包括三个方面:一是冗余配置,需要确定冗余器件的数目和安装方式;二是故障诊断,一旦发生故障,系统需要检测并定位故障信息;三是故障重构,检测出故障后,需要重组冗余的惯性器件提供正确的测量信息。

惯性导航系统的冗余方案根据冗余的配置可分为单表级冗余和系统级冗余。

在捷联惯性导航系统中采用单表级冗余设计,就是对捷联惯组中单个惯性器件如陀螺仪及加速度计进行冗余配置,实现当某些器件出现故障时,惯性导航系统仍能正常输出飞行器的角速度、加速度信息。系统级冗余是指多个捷联惯组构成的冗余系统,当某个捷联惯组出现故障时,通过其余的惯组输出飞行器的角速度、加速度信息。

本章重点介绍单个捷联惯组多表级冗余和多套捷联惯组系统级冗余管理方案。

7.2　惯性器件冗余配置

惯性器件冗余配置是研究如何配置冗余器件的数目和安装方式，当一个或多个惯性器件发生故障时，系统可以从其余正常工作的惯性器件得到足够多的测量信息，利用数学方法处理得到全部三个正交方向上的加速度和角速度输出。配置的出发点：无论正常还是故障情况下，系统都有充足的测量信息源，保证用于导航使用的测量信息足够，且导航误差和导航性能在一定精度允许范围内。考虑到工程实际的需要，配置的过程应该兼顾经济性、复杂程度和可实现性，即在保证故障发生后测量信息可重构和重构信息满足一定精度的前提下，配置的冗余器件数目应该尽量少，安装方式尽量简便。

在航天领域的惯性导航系统中，常规的惯性器件配置是沿相互垂直的三个参考轴分别安装陀螺仪与加速度计，测量绕 X、Y 和 Z 轴的角速度和沿 X、Y 和 Z 轴三个方向的加速度，如图 7.2.1 所示。从图 7.2.1可知，如当某一个轴向的陀螺仪（加速度计）出现故障时，利用剩下的两个轴向上的陀螺仪（加速度计）不能得到该方向上的角速度量（加速度），此时惯性导航系统不能正常工作。

直观的冗余配置方法是：将每一个方向的惯性器件都增加 N 个，构成 N 套完全相同的惯性导航系统（图 7.2.2(a)）。这就是系统级冗余配置。另一条思路是：在三个正交轴的基础上增加若干斜置的测量轴（图 7.2.2(b)），当正交轴上的惯性器件故障时，利用斜置轴上器件量测量在正交轴上的投影，同样可以得到该方向的状态输出。这就是多表级冗余配置。

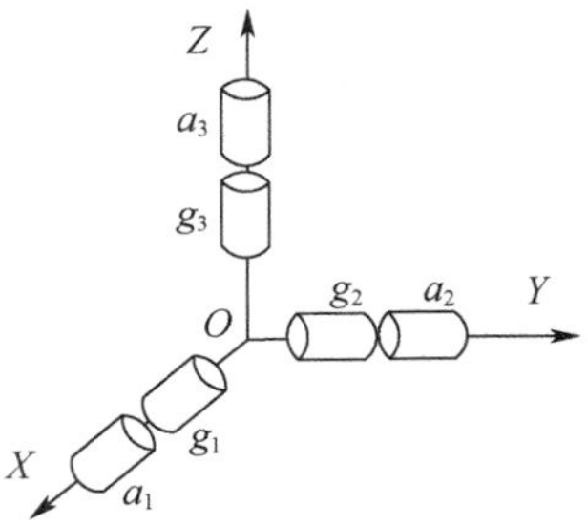

图 7.2.1 常规惯性导航系统配置

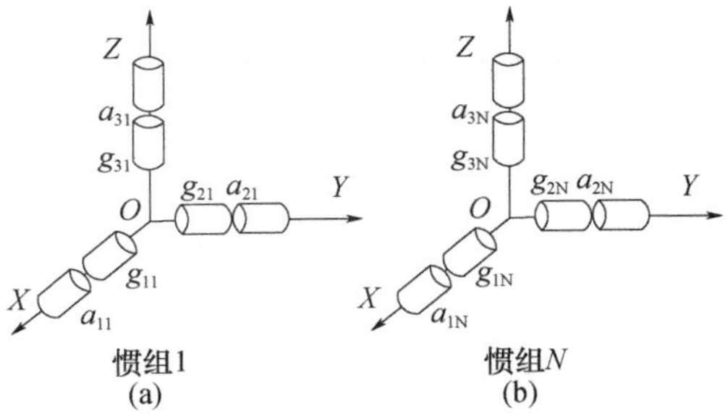

图 7.2.2 冗余配置

(a) 系统级;(b) 单表级。

7.2.1 单惯组多表级冗余配置

单惯组多表级冗余配置主要包括两个方面:一个是仪表数量的配置;另一个是仪表安装几何构型的配置。研究表明,在单个器件可靠性指标相同的条件下,随着冗余器件个数的增加,可用的测量信息增加,对于故障诊断和重构有利。但是,惯性器件的个数越多,惯性导航系统的体积增大、重量增大、成本提高。因此,在选择冗余系统时,需要合理地选择单表惯性器件冗余的数目。另外,惯性传感器个数相同,但安装几何构型不同时,测量精度和导航性能也会不同。

1. 常见配置构型

1) 圆锥体结构

当传感器数量大于4个时(通常是5个或6个),将传感器按其测量轴沿圆锥母线均与安装在一个圆锥角为 α 的圆锥面上,如图7.2.3所示。

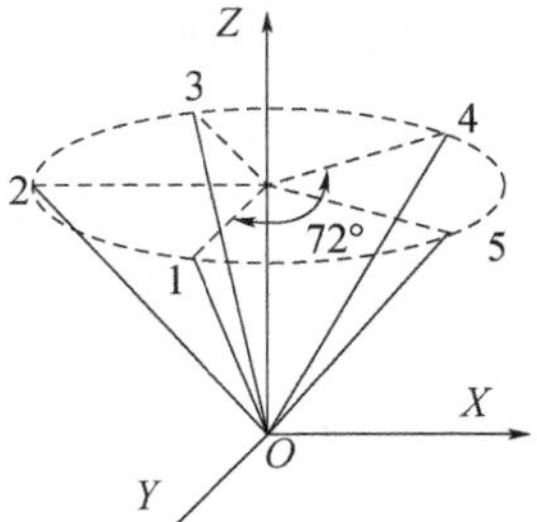

图 7.2.3 圆锥体结构

2) 六传感器正十二面体结构

将6个传感器的量测轴与正十二面体的平行面互相垂直,如图7.2.4所示。

3）三正交多斜置结构

6 个传感器位于互相正交的 X、Y、Z 三个坐标轴方向，其他若干传感器与三个坐标轴保持一定夹角，如图 7. 2. 5 所示。

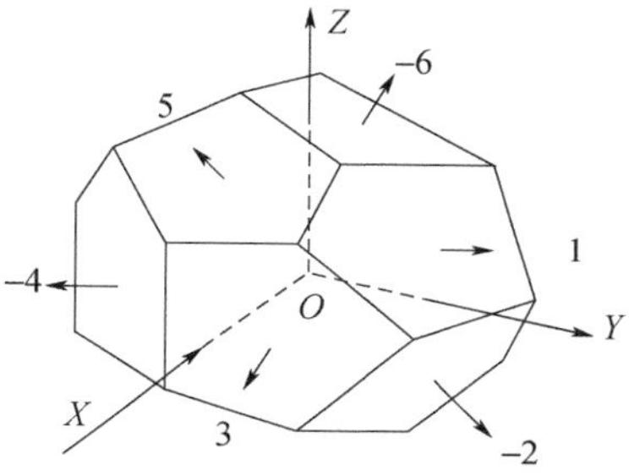

图 7. 2. 4　正十二面体结构

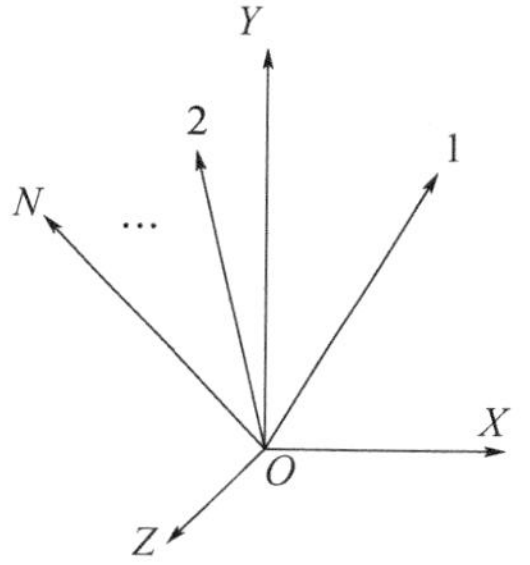

图 7. 2. 5　三正交多斜置结构

2. 导航性能指标

为了获得最佳的导航性能，首先定义系统的测量方程。设由 m 个同等精度的惯性器件构成的冗余量测方程，其测量方程中含有噪声干扰作用，即

$$\boldsymbol{Z} = \boldsymbol{H}\boldsymbol{\omega} + \boldsymbol{\varepsilon} \tag{7.2.1}$$

式中：$\boldsymbol{\omega} \in \mathbf{R}^n$ 为待测的系统状态；$Z \in \mathbf{R}^m$ 为 m 个惯性器件的量测值（$m > n$）；$\boldsymbol{H} \in \mathbf{R}^{m \times n}$为器件配置的安装矩阵，即列满秩矩阵；$\boldsymbol{\varepsilon}$ 为 m 维零均值、协方差为 $\sigma^2\boldsymbol{I}_m$ 的高斯白噪声序列，即 $E(\boldsymbol{\varepsilon}) = \boldsymbol{0}, E(\boldsymbol{\varepsilon}\boldsymbol{\varepsilon}^{\mathrm{T}}) = \sigma^2\boldsymbol{I}_m$，$\boldsymbol{I}_m$ 为 m 阶单位矩阵。

如果优化配置安装矩阵 $\boldsymbol{H}$ 使得由噪声所引起的系统导航误差最小，则系统可获得最佳的导航性能。在无故障情况下，由噪声引起的导航误差主要有以下三种性能指标：

（1）假设测量噪声 $\boldsymbol{\varepsilon} = (e_1, e_2, \cdots, e_m)^{\mathrm{T}}$，各个分量是互相独立的随机常数，其性能指标为

$$F_{P1} = \sqrt{E_x{}^2 + E_y{}^2 + E_z{}^2} = \sqrt{\sum_{i=1}^{3}\sum_{j=1}^{m} M_{ij}^2} \tag{7.2.2}$$

式中

$$M=(\boldsymbol{H}^{\mathrm{T}}\boldsymbol{H})^{-1}\boldsymbol{H}^{\mathrm{T}},E_x=\sqrt{\sum_{j=1}^{m}M_{1j}^2e_j^2},E_y=\sqrt{\sum_{j=1}^{m}M_{2j}^2e_j^2},E_z=\sqrt{\sum_{j=1}^{m}M_{3j}^2e_j^2}$$

其中:$\boldsymbol{H}$ 为安装矩阵。

为测量噪声对三个坐标轴方向的影响程度,在此基础上,推广到含有加权因子的性能指标:

$$F_{P1}{}^{*}=\sqrt{a_1E_x{}^2+a_2E_y{}^2+a_3E_z{}^2} \tag{7.2.3}$$

(2) 假设 $\boldsymbol{\varepsilon}$ 是均值为 $\mathbf{0}$、方差阵为 $\boldsymbol{\sigma}^2\boldsymbol{I}_m$ 的随机矢量,性能指标为

$$F_{P2}=\sum_{i=1}^{3}a_iG(i,i) \tag{7.2.4}$$

式中:a_i 为加权因子,$\boldsymbol{G}^{-1}=\boldsymbol{H}^{\mathrm{T}}\boldsymbol{H}$,$G(i,i)$是 G 的第 i 个对角线元素。

(3) 在惯性元件精度一定的情况下,测量误差对正交轴的影响直接取决于$(\boldsymbol{H}^{\mathrm{T}}\boldsymbol{H})^{-1}$的大小。常用假设 $\boldsymbol{\varepsilon}$ 是均值为零的高斯随机矢量,可定义如下的性能指标:

$$F_{P3}=\sqrt{|\boldsymbol{G}|} \tag{7.2.5}$$

在一定条件下,上述三种导航误差之间是等价的。为统一标准,在该阶段中全部采用性能指标 F_{P1}进行优化设计,即选取

$$F_{P1}=\sqrt{E_x{}^2+E_y{}^2+E_z{}^2}=\sqrt{\sum_{i=1}^{3}\sum_{j=1}^{m}M^2{}_{ij}} \tag{7.2.6}$$

当系统中的一组测量组件出现故障时,该指标函数不适用,需要对此进行改进。故当一组测量组件出现故障时,性能指标为

$$F_P(m,1)=\sqrt{\frac{1}{m}\left(\sum_{n=1}^{m}E_T^2(n)\right)} \tag{7.2.7}$$

式中

$$E_T^2(n)=\sqrt{\sum_{i=1}^{3}\sum_{j=1}^{m}M_{nij}^2}$$

F_P 为测量噪声的均方范数，因此 F_{P1} 越小，导航误差越小，导航性能越好。在正交斜置配置情况下，优化设计就是如何选择陀螺敏感轴和正交坐标轴之间的相对位置关系，才能使冗余系统的测量误差 F_P 最小，导航性能指标最优。

3. 导航性能指标最优条件

下面证明当 $\boldsymbol{H}^{\mathrm{T}}\boldsymbol{H}=\frac{n}{3}\boldsymbol{I}_{3\times3}$时，导航性能指标最优，$n$ 为冗余器件总数目

证明：(1) 充分性。假设 $\boldsymbol{H}^{\mathrm{T}}\boldsymbol{H}=\frac{n}{3}\boldsymbol{I}_{3\times3}$且 $\boldsymbol{H}^{\mathrm{T}}\boldsymbol{H}$ 的特征值为 λ_1、λ_2、λ_3。由关系式

$$\frac{x+y+z}{3}\geqslant\sqrt[3]{xyz}\tag{7.2.8}$$

得到不等式

$$J=\mathrm{trace}(P)=\sigma^2\mathrm{trace}\{(\boldsymbol{H}\boldsymbol{H}^{\mathrm{T}})^{-1}\}=\sigma^2\left(\frac{1}{\lambda_1}+\frac{1}{\lambda_2}+\frac{1}{\lambda_3}\right)\geqslant\frac{3\sigma^2}{\sqrt[3]{\lambda_1\lambda_2\lambda_3}}\tag{7.2.9}$$

当 $\lambda_1=\lambda_2=\lambda_3$ 时，等号成立。所以，当 $\lambda_1=\lambda_2=\lambda_3=\frac{n}{3}$时，导航性能指标 J 取极小值。此矩阵 $\boldsymbol{H}$ 是导航性能指标最优的测量矩阵。

(2) 必要性。已知 $\mathrm{trace}(\boldsymbol{H}\boldsymbol{H}^{\mathrm{T}})=\mathrm{trace}(\boldsymbol{H}^{\mathrm{T}}\boldsymbol{H})=\sum_{i=1}^{n}\|h_i\|^2=n$，且

$$\mathrm{trace}(\boldsymbol{H}\boldsymbol{H}^{\mathrm{T}})=\lambda_1+\lambda_2+\lambda_3\tag{7.2.10}$$

由 $\lambda_1=\lambda_2=\lambda_3$ 和 $\lambda_1+\lambda_2+\lambda_3=n$，可得 $\lambda_1=\lambda_2=\lambda_3=\frac{n}{3}$。需证明 $\boldsymbol{H}^{\mathrm{T}}\boldsymbol{H}=\frac{n}{3}\boldsymbol{I}_{3\times3}$成立。由奇异值分解，测量矩阵可以被分解为 $\boldsymbol{H}=\boldsymbol{U}\boldsymbol{A}\boldsymbol{V}^{\mathrm{T}}$，其中 $\boldsymbol{U}=[u_1,u_2,\cdots,u_n]$，$\boldsymbol{V}=[v_1,v_2,\cdots,v_n]$，$\boldsymbol{A}=\begin{bmatrix}\Sigma\\\boldsymbol{0}\end{bmatrix}$，且 $\Sigma=\mathrm{diag}\{\rho_1,\rho_2,\rho_3\}$。$u_i$ 和 v_i 分别对应于 $\boldsymbol{H}$ 的奇异值 ρ_i 的左边和右边的特

征值。由于矩阵 $\boldsymbol{H}$ 和 $\boldsymbol{V}$ 是单一的，且$\rho_i^2=\lambda_i$，则

$$\Sigma = \mathrm{diag}\left\{\sqrt{\frac{n}{3}},\sqrt{\frac{n}{3}},\sqrt{\frac{n}{3}}\right\} \tag{7.2.11}$$

可得证

$$\boldsymbol{H}^{\mathrm{T}}\boldsymbol{H}=\boldsymbol{V}\boldsymbol{A}^{\mathrm{T}}\boldsymbol{U}^{\mathrm{T}}\boldsymbol{U}\boldsymbol{A}\boldsymbol{V}^{\mathrm{T}}=\boldsymbol{\Sigma}^2=\frac{n}{3}\boldsymbol{I}_{3\times3}$$

特别地，当 $n=3$ 时，$\boldsymbol{H}$ 是 $\boldsymbol{I}_{3\times3}$单位阵时导航性能指标最优，即只有三个安装轴时，彼此互相正交安装测量误差最小，这也是符合工程实际安装经验的。

下面推导三正交 N 斜置安装方案导航性能指标最优时的斜置轴安装角，设 X、Y、Z 为三个互相垂直的正交轴，在 $OXYZ$ 立体空间内共有 N 个斜置轴，斜置轴与 Y 轴的夹角分别为 $\alpha_1,\cdots,\alpha_N$，在 XOZ 平面内投影与 Z 轴夹角分别为$\beta_1,\cdots,\beta_N$，如图 7.2.6 所示。

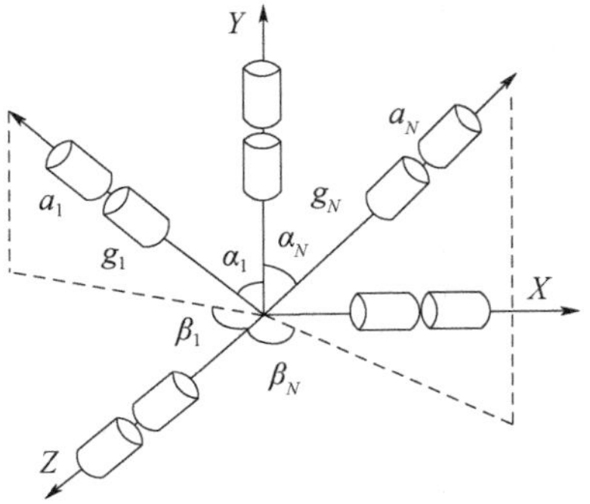

图 7.2.6 三正交多斜置结构

安装矩阵为

$$\boldsymbol{H}=\begin{bmatrix} 1 & 0 & 0 \\ 0 & 1 & 0 \\ 0 & 0 & 1 \\ \sin\alpha_1\sin\beta_1 & \cos\alpha_1 & \sin\alpha_1\cos\beta_1 \\ \vdots & \vdots & \vdots \\ \sin\alpha_N\sin\beta_N & \cos\alpha_N & \sin\alpha_N\cos\beta_N \end{bmatrix} \tag{7.2.12}$$

令

$\boldsymbol{H}^{\mathrm{T}}\boldsymbol{H} = \dfrac{N+3}{3}\boldsymbol{I}_{3\times 3}$，则可得

$$\begin{cases} 1+\sin^2\alpha_1\ \sin^2\beta_1+\cdots+\sin^2\alpha_N\ \sin^2\beta_N=(N+3)/3 \\ 1+\cos^2\alpha_1+\cdots+\cos^2\alpha_N=(N+3)/3 \\ 1+\sin^2\alpha_1\ \cos^2\beta_1+\cdots+\sin^2\alpha_N\ \cos^2\beta_N=(N+3)/3 \\ \sin\alpha_1\sin\beta_1\cos\alpha_1+\cdots+\sin\alpha_N\sin\beta_N\cos\alpha_N=0 \\ \sin^2\alpha_1\sin\beta_1\cos\beta_1+\cdots+\sin^2\alpha_N\sin\beta_N\cos\beta_N=0 \\ \sin\alpha_1\cos\alpha_1\cos\beta_1+\cdots+\sin\alpha_N\cos\alpha_N\cos\beta_N=0 \end{cases} \tag{7.2.13}$$

求解上述方程组，即可得导航性能最佳时的安装角。需要指出，当斜置轴个数较多时，上述方程组是矛盾方程组，可能存在多组不同的解，具体解法需要根据斜置轴的个数具体分析。当 $N=0$ 时，即没有冗余的斜置安装轴，式(7.2.13)退化成恒等式，即无冗余配置是有冗余配置的一种特殊情况。

4. 数值算例

以三正交多斜置方案举例说明最优配置过程和相应的导航性能指标。当方案是三正交一斜置且无故障时，一般 $\beta=45°$，此时安装矩阵为

$$\boldsymbol{H}=\begin{bmatrix} 1 & 0 & 0 \\ 0 & 1 & 0 \\ 0 & 0 & 1 \\ \dfrac{\sqrt{2}}{2}\sin\alpha & \cos\alpha & \dfrac{\sqrt{2}}{2}\sin\alpha \end{bmatrix} \tag{7.2.14}$$

由 $\boldsymbol{H}^{\mathrm{T}}\boldsymbol{H}=\dfrac{4}{3}\boldsymbol{I}_{3\times 3}$，可得

$$\begin{cases} 1+\dfrac{1}{2}\sin^2\alpha=4/3 \\ 1+\cos^2\alpha=4/3 \end{cases} \tag{7.2.15}$$

解得 $\alpha = 54.74°$，则无故障时的性能指标函数为

$$F_P(4,0) = E_T(0) = \sqrt{\sum_{i=1}^{3}\sum_{j=1}^{4} M_{ij}^2} = \sqrt{\frac{5}{2}} \quad (7.2.16)$$

当有任意一根轴上的测量组件发生故障时，根据式(7.2.7)可得性能指标函数为

$$F_P(4,1) = \sqrt{\frac{1}{4}(E_T^{\,2}(1) + E_T^{\,2}(2) + E_T^{\,2}(3) + E_T^{\,2}(4))} = 2.4495 \quad (7.2.17)$$

针对两正交两斜置和三正交两斜置的配置方案，最佳安装角度和优化性能指标不再重复推导，将优化结果统计在表7.2.1中。

表7.2.1 不同配置方案优化结果统计

配置方案	无故障时 最优配置	无故障时 性能指标 F_P	单轴故障时 最优配置	单轴故障时 性能指标 F_P
三正交一斜置	$\alpha = 54.74°$	$F_P = 1.5811$	$\alpha = 54.74°$	$F_P = 2.4495$
两正交两斜置	四组最优解： 其中一组为 $\alpha_1 = 65.91°$ $\alpha_2 = 114.09°$ $\beta_1 = 63.44°$ $\beta_2 = 116.57°$	$F_P = 1.5300$	两组最优解： 其中一组为 $\alpha_1 = 65.91°$ $\alpha_2 = 114.09°$ $\beta_1 = 63.44°$ $\beta_2 = 116.57°$	$F_P = 2.2225$
三正交两斜置	24组最优解： 其中一组为 $\alpha_1 = 54.74°$ $\alpha_2 = 125.26°$ $\beta_1 = 45°$ $\beta_2 = 135°$	$F_P = 1.4243$	20组最优解： 其中一组为 $\alpha_1 = 54.74°$ $\alpha_2 = 125.26°$ $\beta_1 = 45°$ $\beta_2 = 135°$	$F_P = 1.7960$

从表7.2.1可以看出，三正交两斜置配置方案实现最优配置时的性能指标要优于三正交一斜置和两正交两斜置，说明增加惯性器件个

数会提高系统的可靠性能，但也会增加系统的体积、重量和成本，需要在解决工程问题时具体问题具体分析。需要指出，两正两斜和三正两斜由于有四个配置安装角，在求解最优安装角过程需要解矛盾方程组。这也是存在多组最优解的原因。

7.2.2 多惯组系统级冗余配置

根据系统结构和系统行为的不同，系统级捷联冗余可分为多捷联备份冗余和多捷联表决冗余等。

1. 多捷联备份冗余配置

多捷联备份冗余方案一般有多个相同的捷联，系统运行时只有一个捷联的输出被输出选择器选中，剩余捷联作为备份。被选中的捷联称为主机捷联，未被选中的称为备机捷联。当主机捷联检测到错误，则停止输出，而由另外备机捷联来接替。按启动方式不同备份冗余系统分为热备份、温备份和冷备份三种。热备份是指系统运行时，它所有捷联同时运行相同的任务，只是输出选择器选择其中一个捷联的输出作为测量输出。而当正在运行的捷联因故障停机时，选择其他模块的输出作为系统输出。冷备份是指系统运行时，在所有捷联中只有一个捷联在工作，而其他捷联处于断电状态，当正在运行的捷联因故障停机时，才启动其他捷联中的一个。温备份与冷备份类似，在所有捷联中也只有一个捷联在工作，但其他捷联处于上电状态，当正在运行的捷联因故障停机时，其他捷联中的一个将接替故障捷联继续工作。对于备份冗余系统而言，系统的可靠性和安全性取决于工作捷联出现故障是否能被正确检测到且输出选择器完全可靠。

2. 多捷联表决冗余配置

多捷联表决冗余由多个捷联组成，当所有捷联中至少大于50%元件正常时，系统可以正常工作。多捷联表决冗余方案一般以奇偶校验方程为故障判别基础，通过比较两两做差结果，定位发生故障多惯性元件。

常用的多捷联表决冗余是三捷联表决冗余，应用也比较广泛，下面对三捷联表决冗余的工作原理进行详细阐述。

三捷联表决冗余结构如图 7.2.7 所示，每套捷联惯组可测量的数据包括飞行器绕三个轴的角速度 ω_x、ω_y、ω_z 和沿三个方向的视加速度 a_x、a_y、a_z。

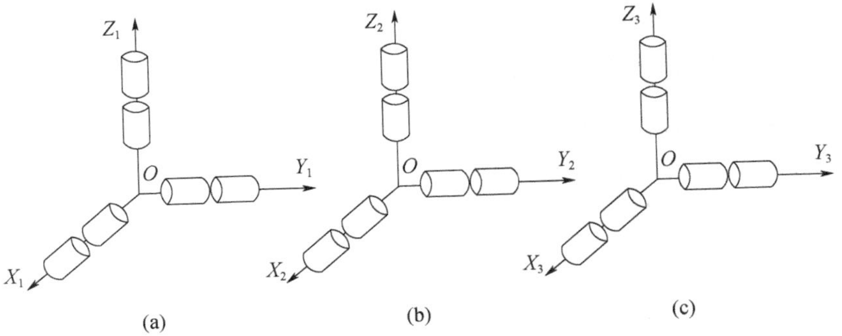

图 7.2.7 三捷联表决冗余结构

(a)捷联惯组 1；(b)捷联惯组 2；(c)捷联惯组 3。

三套捷联惯组系统级冗余可采用三套捷联惯组共支架安装的方式构成，主惯组进行瞄准，另外两套惯组可通过安装位置关系确定方位。三捷联惯组冗余方案一般按照“故障—工作，故障—安全”的原则进行设计，采用主从工作模式，即主设备正常时以主设备控制，主设备有故障而从设备正常时，依次切换到另外两套惯组，不存在主从设备测量信息的共用。

三捷联惯组冗余结构是在飞行器上安装三套通常的惯性测量装置构成(图 7.2.8)不必另加判别装置，它们测量的两组信号，加速度信号和角速度信号共 18 个，都输送给箭载计算机，通过软件进行故障判别和隔离故障件。

该种结构的故障判别是采用少数服从多数的表决式判别准则。需要进行判别的有两组测量信号：三套捷联惯性测量装置的这两组信号分别进行比较，相一致为无故障，当有一个与另两个不相一致时，则认为该个信号为故障信号。每套惯性测量装置的六个信号，任一个或多个被判为故障，则该套惯性测量装置被判为发生了故障。

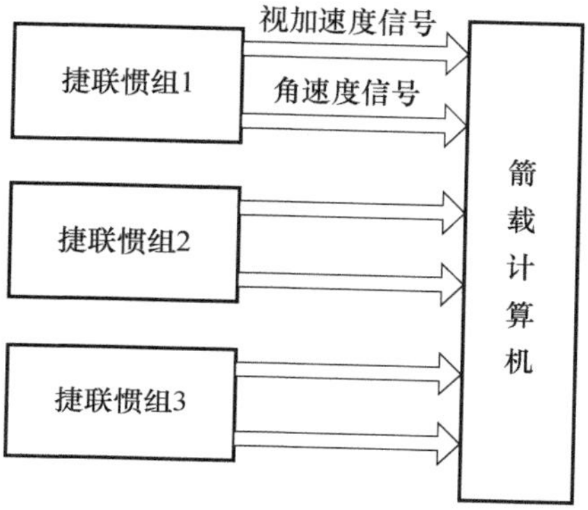

图7.2.8　三捷联惯组冗余结构

理论上讲,同为一个量的量测信号,无故障时其测量值应是相等的,但实际工程上不可能没有误差存在,则视加速度判别式为

$$|a_{1J}-a_{2J}|\leqslant\varepsilon_{aJ} \tag{7.2.18}$$

$$|a_{2J}-a_{3J}|\leqslant\varepsilon_{aJ} \tag{7.2.19}$$

$$|a_{3J}-a_{1J}|\leqslant\varepsilon_{aJ} \tag{7.2.20}$$

式中:下角标1、2、3为捷联惯组编号;$J=x,y,z$代表三个方向。

姿态角判别式为

$$|\omega_{1J}-\omega_{2J}|\leqslant\varepsilon_{\omega J} \tag{7.2.21}$$

$$|\omega_{2J}-\omega_{3J}|\leqslant\varepsilon_{\omega J} \tag{7.2.22}$$

$$|\omega_{3J}-\omega_{1J}|\leqslant\varepsilon_{\omega J} \tag{7.2.23}$$

式中:下角标1、2、3为捷联惯组编号;ε_{aJ}、$\varepsilon_{\omega J}$为视加速度和角速度的判别阈值。

当式(7.2.21)~式(7.2.23)中一个式成立,另外两个式不成立时,则确定成立的一式中不包含的那个惯性测量装置为故障件。对上面六个判别式进行判别,需要综合各种可能的误差和工程因素取确定判别阈值;阈值确定的大,漏判的概率大,确定的小,误判的概率大,需要对漏判和误判概率做恰当的选择。阈值选取的具体方法将在7.3.2节给出详细叙述。

7.3 惯性器件故障检测

惯性器件故障检测包括检测和隔离两方面内容,检测就是检验出故障的发生,隔离就是定位出具体发生故障的惯性器件并将其切除,使它的错误测量信息不再为导航系统所利用。

7.3.1 单惯组多表级故障检测

导航系统的故障检测与诊断倾向于采用状态估计法,检测途径是利用残差产生器构成残差序列,通过对残差序列的统计分析就可以检测出发生的故障。

单惯组多表级系统故障检测的过程就是以惯性器件的量测方程式(7.2.1)为基础,采用状态估计构建残差序列,通过比较故障情况和无故障情况下残差序列的统计特性差异,进而判别故障发生的过程。常用的方法包括广义似然比法(GLT)、奇异值分解法、最优奇偶矢量法(OPT),以及其他需用系统数学模型的统计检验法。

1. 广义似然比法

广义似然比法是将故障检测和故障隔离分开进行,故障检测函数是对故障解耦的奇偶残差,而故障隔离函数是假设各传感器分别发生故障的情况下,使相应的奇偶残差的似然函数达到最大值时的统计量。

定义奇偶方程为

$$\boldsymbol{P}=\boldsymbol{V}\boldsymbol{Z} \tag{7.3.1}$$

式中:$\boldsymbol{P}$ 为奇偶矢量;$\boldsymbol{V}$ 为待定的行满秩矩阵。

显然,为使 $\boldsymbol{P}=\boldsymbol{V}\boldsymbol{H}\boldsymbol{\omega}+\boldsymbol{V}\boldsymbol{\varepsilon}$ 独立于待测状态 $\boldsymbol{\omega}$ 而仅与噪声或可能的故障有关,应使

$$\boldsymbol{V}\boldsymbol{H}=\boldsymbol{0},\boldsymbol{V}\boldsymbol{V}^{\mathrm{T}}=\boldsymbol{I} \tag{7.3.2}$$

可得

$$\boldsymbol{P}=\boldsymbol{V}\boldsymbol{\varepsilon} \tag{7.3.3}$$

当陀螺仪无故障时，奇偶矢量仅是噪声的函数。当陀螺仪发生故障时，量测方程变为

$$\boldsymbol{Z}=\boldsymbol{H\omega}+\boldsymbol{b}_{\mathrm{f}}+\boldsymbol{\varepsilon} \tag{7.3.4}$$

式中：$\boldsymbol{b}_{\mathrm{f}}$ 为故障矢量，其对应于失效陀螺的单元部位0，其他单元为0。

同理，可得

$$\boldsymbol{P}=\boldsymbol{V\varepsilon}+\boldsymbol{Vb}_{\mathrm{f}} \tag{7.3.5}$$

这时奇偶矢量不仅与噪声有关，还与故障有关。正是由于奇偶矢量在无故障和有故障的情况下的不一致性，为故障检测提供了基础。

1）故障检测策略

故障检测决策的假设检验如下：

无故障时，状态 H_0：

$$E(\boldsymbol{P})=\boldsymbol{0},E(\boldsymbol{PP}^{\mathrm{T}})=\boldsymbol{\sigma}^2\boldsymbol{VV}^{\mathrm{T}}=\sigma^2\boldsymbol{I}$$

有故障时，状态 H_1：

$$E(\boldsymbol{P})=\boldsymbol{\mu}\neq\boldsymbol{0},E((\boldsymbol{P}-\boldsymbol{\mu})(\boldsymbol{P}-\boldsymbol{\mu})^{\mathrm{T}})=\sigma^2\boldsymbol{VV}^{\mathrm{T}}=\sigma^2\boldsymbol{I}$$

式中：$\boldsymbol{\mu}=\boldsymbol{Vb}_{\mathrm{f}}$。

由于奇偶矢量 $\boldsymbol{P}$ 是测量噪声 ε 的线性函数，故 $\boldsymbol{P}$ 服从 $m-n$ 维正态分布，在无故障和有故障情况下，似然函数分别为

$$\varphi(\boldsymbol{P}|H_0)=K\exp\left\{-\frac{1}{2}\frac{\boldsymbol{p}^{\mathrm{T}}\boldsymbol{p}}{\sigma^2}\right\} \tag{7.3.6}$$

$$\varphi(\boldsymbol{P}|H_1)=K\exp\left\{-\frac{1}{2}\frac{(\boldsymbol{p}-\boldsymbol{\mu})^{\mathrm{T}}(\boldsymbol{p}-\boldsymbol{\mu})}{\sigma^2}\right\} \tag{7.3.7}$$

式中

$$K=1/\sqrt{(2\pi)^{m-n}\,\|\boldsymbol{V}^{\mathrm{T}}\boldsymbol{V}\|}\cdot\sigma$$

由式(7.3.6)和式(7.3.7)构造对数似然函数为

$$L(\boldsymbol{P})=\ln\frac{\varphi(\boldsymbol{P}|H_1)}{\varphi(\boldsymbol{P}|H_0)}=\frac{1}{2}\left[\frac{\boldsymbol{P}^{\mathrm{T}}\boldsymbol{P}}{\sigma^2}-\frac{(\boldsymbol{P}-\boldsymbol{\mu})^{\mathrm{T}}(\boldsymbol{P}-\boldsymbol{\mu})}{\sigma^2}\right] \tag{7.3.8}$$

在式(7.3.8)中对 μ 求导，得 μ 的极大似然估计 $\hat{\mu}=P$，极大似然函数值为

$$L_{\max}(\boldsymbol{P})=\frac{1}{2\sigma^2}[\boldsymbol{P}^{\mathrm{T}}(\boldsymbol{V}\boldsymbol{V}^{\mathrm{T}})^{-1}\boldsymbol{P}]=\frac{1}{2\sigma^2}[\boldsymbol{P}^{\mathrm{T}}\boldsymbol{P}] \tag{7.3.9}$$

因此,用 $\boldsymbol{P}$ 构造故障检测判决函数为

$$\mathrm{FD}_{\mathrm{GLT}}=\frac{1}{\sigma^2}[\boldsymbol{P}^{\mathrm{T}}\boldsymbol{P}] \tag{7.3.10}$$

易知 $\mathrm{FD}_{\mathrm{GLT}}\sim\chi^2(m-n)$。

故障判决准则:$\mathrm{FD}_{\mathrm{GLT}}\geqslant T_{\mathrm{D}}$,判决有故障发生;否则,判决无故障发生。其中,$T_{\mathrm{D}}$ 为事先给定的检测阈值。

2)故障隔离及故障幅值估计

故障隔离包括 m 个假设检验。假设 H_i 为第 i 个传感器发生故障:

$$E(\boldsymbol{P})=\boldsymbol{\mu}_i\neq\boldsymbol{0},E[(\boldsymbol{P}-\boldsymbol{\mu}_i)^{\mathrm{T}}(\boldsymbol{P}-\boldsymbol{\mu}_i)]=\sigma^2\boldsymbol{I}$$

式中:$\boldsymbol{\mu}_i=\boldsymbol{V}^{\mathrm{T}}\boldsymbol{e}_if_i$,$\boldsymbol{e}_i$ 为第 i 个元素为 1,其余元素为 0 的 m 维列矢量。记 $V^{\mathrm{T}}e_i\triangleq V_i^*$ 为奇偶矩阵 $\boldsymbol{V}$ 的第 i 个行矢量的转置矢量。

相应于第 i 个传感器的对数似然函数为

$$\begin{aligned}
\ln[\varphi(\boldsymbol{p}|H_i)]&=\ln K-\frac{1}{2}(\boldsymbol{P}-\boldsymbol{\mu}_i)^{\mathrm{T}}\frac{(\boldsymbol{V}^{\mathrm{T}}\boldsymbol{V})^{-1}}{\sigma^2}(\boldsymbol{P}-\boldsymbol{\mu}_i)\\
&=\ln K-\frac{1}{2}(\boldsymbol{P}-\boldsymbol{V}_i^*\boldsymbol{f}_i)^{\mathrm{T}}\frac{(\boldsymbol{V}^{\mathrm{T}}\boldsymbol{V})^{-1}}{\sigma^2}(\boldsymbol{P}-\boldsymbol{V}_i^*f_i)\\
&=\ln K-\frac{1}{2}\left[\left(\boldsymbol{P}^{\mathrm{T}}\frac{(\boldsymbol{V}^{\mathrm{T}}\boldsymbol{V})^{-1}}{\sigma^2}-P\right)-2f\left(\boldsymbol{P}^{\mathrm{T}}\frac{(\boldsymbol{V}^{\mathrm{T}}\boldsymbol{V})^{-1}}{\sigma^2}\boldsymbol{V}_i^*\right)\right.\\
&\quad\left.+f_i^*\left((\boldsymbol{V}_i^*)^{\mathrm{T}}\frac{(\boldsymbol{V}^{\mathrm{T}}\boldsymbol{V})^{-1}}{\sigma^2}\boldsymbol{V}_i^*\right)\right]
\end{aligned}$$

对上式关于 f_i 求导数,得 f_i 的极大似然估计为

$$\hat{f}_i=\frac{\boldsymbol{P}^{\mathrm{T}}(\boldsymbol{V}^{\mathrm{T}}\boldsymbol{V})^{-1}\boldsymbol{V}_i^*}{(\boldsymbol{V}_i^*)^{\mathrm{T}}(\boldsymbol{V}^{\mathrm{T}}\boldsymbol{V})^{-1}\boldsymbol{V}_i^*} \tag{7.3.11}$$

极大似然函数值为

$$\ln[\varphi(\boldsymbol{P}|H_i)]_{\max}=\ln K-\frac{1}{2}\boldsymbol{P}^{\mathrm{T}}\frac{(\boldsymbol{V}^{\mathrm{T}}\boldsymbol{V})^{-1}}{\sigma^2}\boldsymbol{P}+\frac{1}{2}\frac{[\boldsymbol{P}^{\mathrm{T}}(\boldsymbol{V}^{\mathrm{T}}\boldsymbol{V})^{-1}\boldsymbol{V}_i^*]^2}{\sigma^2(\boldsymbol{V}_i^*)^{\mathrm{T}}(\boldsymbol{V}^{\mathrm{T}}\boldsymbol{V})^{-1}\boldsymbol{V}_i^*} \tag{7.3.12}$$

注意到$\boldsymbol{V}^{\mathrm{T}}\boldsymbol{V}=\boldsymbol{I}_{m-n}$，由式(7.3.12)可确定故障隔离判决函数为

$$\mathrm{FI}_{\mathrm{GLT}}(i)=\frac{1}{\sigma^2}\frac{[\boldsymbol{P}^{\mathrm{T}}(\boldsymbol{V}^{\mathrm{T}}\boldsymbol{V})^{-1}\boldsymbol{V}_i^*]^2}{(\boldsymbol{V}_i^*)^{\mathrm{T}}(\boldsymbol{V}^{\mathrm{T}}\boldsymbol{V})^{-1}\boldsymbol{V}_i^*}=\frac{1}{\sigma^2}\frac{(\boldsymbol{P}^{\mathrm{T}}\boldsymbol{V}_i^*)^2}{(\boldsymbol{V}_i^*)^{\mathrm{T}}\boldsymbol{V}_i^*}\quad(7.3.13)$$

若$\mathrm{FI}_{\mathrm{GLT}}(i)$越大，所得的$\ln[\varphi(\boldsymbol{P}|H_i)]_{\max}$就越大，这说明第$i$个传感器发生故障的概率越大。

如果第k个传感器的隔离函数值是所有传感器隔离函数值中的最大者，即

$$\mathrm{FI}_{\mathrm{GLT}}(k)=\max_{1\leqslant i\leqslant m}\{\mathrm{FI}_{\mathrm{GLT}}(i)\}\quad(7.3.14)$$

则判定第k个传感器有可能已经故障。

2. 奇异值分解法

由配置矩阵$\boldsymbol{H}\in\mathbf{R}^{m\times n}$，且知$\mathrm{rank}\boldsymbol{H}=r$，对$\boldsymbol{H}$进行奇异值分解有

$$\boldsymbol{U}^*\boldsymbol{H}\boldsymbol{V}=\boldsymbol{\Lambda}=\begin{bmatrix}\boldsymbol{\Sigma}&\boldsymbol{0}\\0&\boldsymbol{0}\end{bmatrix},\boldsymbol{H}=\boldsymbol{U}\boldsymbol{H}\boldsymbol{V}^*=\boldsymbol{U}\begin{bmatrix}\boldsymbol{\Sigma}&\boldsymbol{0}\\\boldsymbol{0}&\boldsymbol{0}\end{bmatrix}\boldsymbol{V}^*\quad(7.3.15)$$

式中

$$\boldsymbol{U}\boldsymbol{U}^*\approx\boldsymbol{U}^*\boldsymbol{U}=\boldsymbol{I}_m,\boldsymbol{V}\boldsymbol{V}^*=\boldsymbol{V}^*\boldsymbol{V}=\boldsymbol{I}_n,\boldsymbol{\Sigma}=\mathrm{diag}\{\lambda_1,\lambda_2,\cdots,\lambda_r\}$$

对$\boldsymbol{U}$做进一步的分解为

$$\boldsymbol{U}=[\boldsymbol{U}_1:\boldsymbol{U}_2],\boldsymbol{\Lambda}=[\boldsymbol{\Sigma}\quad 0]^{\mathrm{T}},\boldsymbol{V}=\boldsymbol{I}_m$$

当系统发生故障时，量测方程为

$$\boldsymbol{Z}=\boldsymbol{H}\boldsymbol{X}+\boldsymbol{b}_{\mathrm{f}}+\boldsymbol{\varepsilon}\quad(7.3.16)$$

式中：$\boldsymbol{b}_{\mathrm{f}}$为故障矢量，其对应的故障传感器单元不为0，其他单元均为0。

将上述分解的方程代入系统发生故障的两侧方程，可得

$$\boldsymbol{Z}=\boldsymbol{U}\boldsymbol{\Lambda}\boldsymbol{V}^*\boldsymbol{X}+\boldsymbol{b}_{\mathrm{f}}+\boldsymbol{\varepsilon}\quad(7.3.17)$$

式(7.3.17)左端乘以U^*，可得

$$\boldsymbol{U}^*\boldsymbol{Z}=\boldsymbol{\Lambda}\boldsymbol{V}^*\boldsymbol{X}+\boldsymbol{U}^*\boldsymbol{b}_{\mathrm{f}}+\boldsymbol{U}^*\boldsymbol{\varepsilon}$$

将上式分解为

$$\begin{cases}\boldsymbol{U}_1^*\boldsymbol{Z}=\boldsymbol{\Sigma}\boldsymbol{V}\boldsymbol{X}+\boldsymbol{U}_1^*(\boldsymbol{b}_{\mathrm{f}}+\boldsymbol{\varepsilon})\\\boldsymbol{U}_2^*\boldsymbol{Z}=\boldsymbol{U}_2^*\boldsymbol{b}_{\mathrm{f}}+\boldsymbol{U}_2^*\boldsymbol{\varepsilon}\end{cases}\quad(7.3.18)$$

构造奇偶矢量为

$$\boldsymbol{P}=\boldsymbol{U}_2\boldsymbol{U}_2^*\boldsymbol{Z}=\boldsymbol{U}_2\boldsymbol{U}_2^*(\boldsymbol{b}_{\mathrm{f}}+\boldsymbol{\varepsilon})$$

于是奇偶矢量与状态矢量无关,当系统发生故障时,奇偶矢量不仅是噪声的函数,而且是故障的函数。正是奇偶矢量在故障和无故障时表现不一样,才使故障诊断得以实现。奇异值分解法即是由奇偶矢量根据不同的原则构造了故障检测和隔离函数,来实现不同的情况下的故障检测。该方法不仅能检测出单个陀螺发生的故障,而且能检测处两个陀螺同时发生故障的情况。具体算法如下:

(1) 由配置矩阵 $\boldsymbol{H}$ 计算 $\boldsymbol{U}_2$;

(2) 计算一个陀螺或两个陀螺同时发生故障时的参考矢量 $\boldsymbol{f}_1$,$\boldsymbol{f}_2,\cdots,\boldsymbol{f}_i$;

(3) $k=\mathrm{argmax}(\boldsymbol{P}^{\mathrm{T}}\boldsymbol{f}_i)$;

(4) $\mathrm{DFD}_k=\boldsymbol{P}^{\mathrm{T}}\boldsymbol{f}_k$;若 $\boldsymbol{P}^{\mathrm{T}}\boldsymbol{f}_k>\mathrm{TD}$(TD 为检验阈值),则第 k 个陀螺发生故障,否则工作正常;

(5) 故障参考矢量定义为

$$f_i=\frac{\mathrm{col}_i(U_2U_2^*)}{\|\mathrm{col}_i(U_2U_2^*)\|}$$

式中:$\mathrm{col}_i(\,)$表示第 i 列。

3. 最优奇偶矢量法

最优奇偶矢量法是将故障检测和故障隔离一并进行,根据一种性能指标函数设计对特定传感器敏感而对其他传感器故障和量测噪声都不敏感的最优奇偶矢量,然后计算各冗余传感器的奇偶残差,选取这些奇偶残差中绝对值对大或平方值最大者进行故障检测和隔离。

考虑更一般的量测方程

$$\boldsymbol{Z}=\boldsymbol{H}\boldsymbol{\omega}+\boldsymbol{D}\boldsymbol{b}_{\mathrm{f}}+\boldsymbol{F}\boldsymbol{\varepsilon}\tag{7.3.19}$$

式中:$\boldsymbol{D}$、$\boldsymbol{F}$ 分别为故障输入矩阵和噪声输入矩阵。

为了设计对特定传感器故障敏感的奇偶矢量,建立如下性能指标函数:

$$
\begin{aligned}
S_i &= \max \frac{(\boldsymbol{v}_i^{\mathrm{T}} \boldsymbol{D} \boldsymbol{e}_i)^2}{\| \boldsymbol{v}_i^{\mathrm{T}} \boldsymbol{F} \|^2 + \sum\limits_{j \neq i} (\boldsymbol{v}_i^{\mathrm{T}} \boldsymbol{D} \boldsymbol{e}_j)^2} \\
&= \max \frac{(\boldsymbol{v}_i^{\mathrm{T}} \boldsymbol{D} \boldsymbol{e}_i)^2}{\boldsymbol{v}_i^{\mathrm{T}} (\boldsymbol{F}\boldsymbol{F}^{\mathrm{T}} + \sum\limits_{j \neq i} \boldsymbol{D} \boldsymbol{e}_j \boldsymbol{e}_j^{\mathrm{T}} \boldsymbol{D}^{\mathrm{T}}) \boldsymbol{v}_i}, \boldsymbol{V}\boldsymbol{H} = \boldsymbol{0}
\end{aligned}
\quad (7.3.20)
$$

式中：$\| \boldsymbol{v}_i^{\mathrm{T}} \boldsymbol{F} \|$ 为矢量 $\boldsymbol{v}_i^{\mathrm{T}} \boldsymbol{F}$ 的模；$\boldsymbol{e}_i$、$\boldsymbol{v}_i$ 分别为 $\boldsymbol{I}_m$ 的第 i 列矢量和所要设计的第 i 个传感器故障检测的最优奇偶矢量。$\boldsymbol{v}_i^{\mathrm{T}} \boldsymbol{D} \boldsymbol{e}_i$、$\boldsymbol{v}_i^{\mathrm{T}} \boldsymbol{D} \boldsymbol{e}_j$ 表示对第 i 个和第 j 个传感器故障的敏感度；$\| \boldsymbol{v}_i^{\mathrm{T}} \boldsymbol{F} \|$ 表示对噪声的敏感度。分子表示对被测传感器故障的灵敏度的度量，分母表示对其他传感器故障以及所有噪声的灵敏度的度量。此外，保留了奇偶约束条件。

当考虑奇偶约束条件时，奇偶矢量 $\boldsymbol{v}_i$ 可以表示成 $\boldsymbol{V}$ 的线性组合 $\boldsymbol{v}_i = \boldsymbol{V}^{\mathrm{T}} \boldsymbol{c}_i$，代入式(7.3.20)中，则在 $\boldsymbol{c}_i = a \boldsymbol{M}_{\mathrm{B}i}^{-1} \boldsymbol{u}_i$ 处达到最大值。其中：a 为任意实数；$\boldsymbol{u}_i = \boldsymbol{V} \boldsymbol{D} \boldsymbol{e}_i \in R^{m-n}$；$\boldsymbol{M}_{\mathrm{B}i} = \boldsymbol{V} (\boldsymbol{F}\boldsymbol{F}^{\mathrm{T}} + \boldsymbol{D}\boldsymbol{D}^{\mathrm{T}} - \boldsymbol{D} \boldsymbol{e}_i \boldsymbol{e}_i^{\mathrm{T}} \boldsymbol{D}^{\mathrm{T}}) \boldsymbol{V}^{\mathrm{T}}$ 为 $m-n$ 阶对称矩阵。

于是所求矢量 $\boldsymbol{v}_i$ 称为最优奇偶矢量，并由下式给出

$$
\boldsymbol{v}_i = \boldsymbol{V}^{\mathrm{T}} \boldsymbol{c}_i = a \boldsymbol{V}^{\mathrm{T}} \boldsymbol{M}_{\mathrm{B}i}^{-1} \boldsymbol{u}_i \quad (7.3.21)
$$

不失一般性，将 $\boldsymbol{v}_i$ 单位化，得到最优奇偶矢量 $\boldsymbol{v}_i^* = \boldsymbol{v}_i / \| \boldsymbol{v}_i \|$，这样用 $\boldsymbol{v}_i^*$ 可以对第 i 个传感器是否发生故障进行检测。为了表示方便，下面将单位化后的最优奇偶矢量 $\boldsymbol{v}_i^*$ 仍用 $\boldsymbol{v}_i$ 表示，于是相应的最优奇偶残差 $d_i^* = \boldsymbol{v}_i^{\mathrm{T}} \boldsymbol{Z}$，若 $\boldsymbol{b}_{\mathrm{f}} = \boldsymbol{0}$，则 $d_i^* \sim N(0, \sigma^2 \| \boldsymbol{v}_i^{\mathrm{T}} \boldsymbol{F} \|^2)$。故障检测判别函数为将 d_i^* 标准化的统计量，即

$$
d_i = d_i^* / (\sigma \| \boldsymbol{v}_i^{\mathrm{T}} \boldsymbol{F} \|) \quad (7.3.22)
$$

给定虚警率 T，查标准正态分布的 $1 - T/2$ 分位数，得故障检测阈值 T_{D}。计算 d_i 中的绝对值最大者 $|d_k| = \max\limits_i |d_i|$：如果 $|d_k| > T_{\mathrm{D}}$，则判断第 k 个传感器发生故障；否则，判断传感器无故障。

从上述过程中可以看出，OPT 实际上是将故障检测与隔离过程合二为一同时进行，若已检测出故障，就必然能分离出故障。

7.3.2 多惯组系统级故障检测

基于7.2.2节提到的三捷联表决冗余方案进行故障检测方案设计。在三捷联冗余方案中三套捷联惯组共支架,共基准同方位安装,诊断同轴一度故障主要有表决方法、奇偶方程方法及均值检验方法。其中表决方法算法简单,阈值确定相对容易,对故障较为敏感,诊断迅速。因此,采用表决方法来进行故障检测。

在三捷联冗余方案中,每一个待测的物理量(如视加速度、角速度等)均有三个传感器同时测量,因此在实际诊断时将测量同一物理量的三个传感器的输出两两相减并取绝对值,得到三组两两差值的绝对值。如果有两组差值较大,一组差值较小,也就是说有一个传感器的输出与另外两个的差值均较大,自然就认为这一传感器发生了故障,差值较小的两个传感器工作正常,输出可信。如果三组差值均较大,则出现了同轴两度故障,这三个传感器的输出均不可信,表决方法失效,需要用其他方法诊断同轴二度故障。如果三组差值有两组较小,只有一组较大,那么可以认为差值较大对应的两个传感器输出为正常,只不过恰好分布在真值两侧,即认为三个传感器均正常工作。

1. 表决算法的具体流程

(1) 设测量同一物理量的三个传感器的输出分别为 x_1、x_2、x_3,并将其两两相减取绝对值,令 $z_1 = |x_1 - x_2|$,$z_2 = |x_1 - x_3|$,$z_3 = |x_2 - x_3|$。

(2) 取一个阈值 T_D(具体确定方法见7.3.1节),比较 z_1、z_2、z_3 与 T_D。

(3) 如 z_1、z_2、z_3 均小于 T_D,即判定三个传感器均工作正常,三个输出均有效,导航计算时以三个数的平均值作为输入。

(4) 如 z_1、z_2、z_3 中两个小于 T_D,一个大于 T_D,那么也判定三传感器工作正常,导航计算时的输入也以三个数的平均值作为输出。

(5) 如 z_1、z_2、z_3 中有两个大于 T_D,一个小于 T_D,那么认为有一个传感器发生故障,认为差值小于 T_D 的两个传感器无故障,导航计算时的输入取无故障这两个传感器输出的平均值。

(6) 如 z_1、z_2、z_3 均大于 T_D，那么从中找出最大的两个，则剩下的那组差值认为差值较小，这两个传感器无故障，导航计算时取这两个传感器输出的平均值作为输入。

2. 阈值确定方法

受篇幅限制，本节只介绍纯噪声条件下的阈值确定方法。首先介绍误检率与漏检率的定义。

在故障检测中，H_0 表示无故障，H_1 表示有故障，则有以下四种可能[7]：

(1) H_0 为真，判断 H_1 为真，这称为误检，其概率写成 P_F。

(2) H_1 为真，判断 H_0 为真，这称为漏检，其概率写成 P_M。

(3) H_0 为真，判断 H_0 为真，这称为无误检，其概率写成 $1-P_F$。

(4) H_1 为真，判断 H_1 为真，这称为正确检测，其概率写成 $P_D=1-P_M$。

误检率可定义为

$P_F=P$(判断 H_1 真|H_0 真)

漏检率可定义为

$P_M=P$(判断 H_0 真|H_1 真)

设同轴安装的三个传感器某一时刻的输出分别为 x_1、x_2、x_3，这一时刻三个传感器测量的真实物理量为 x，测量噪声为方差为 σ_n 的零均值白噪声，用 w 表示，则

$$x_1=x+w_1 \tag{7.3.23}$$

$$x_2=x+w_2 \tag{7.3.24}$$

$$x_3=x+w_3 \tag{7.3.25}$$

这里 $w_1,w_2,w_3\sim N(0,{\sigma_n}^2)$，且 w_1、w_2、w_3 相互独立，即

$$x_1-x_2=w_1-w_2 \tag{7.3.26}$$

$$x_1-x_3=w_1-w_3 \tag{7.3.27}$$

$$x_2-x_3=w_2-w_3 \tag{7.3.28}$$

因为 w_1、w_2、$w_3\sim N(0,{\sigma_n}^2)$，且 w_1、w_2、w_3 相互独立，所以(w_1-w_2)、

(w_1-w_3)、$(w_2-w_3)\sim N(0,2\sigma_n{}^2)$，所以$(x_1-x_2)$、$(x_1-x_3)$、$(x_2-x_3)\sim N(0,2\sigma_n{}^2)$。

设有事件

$A_1:|x_1-x_2|<T_{Dn}$

$A_2:|x_1-x_3|<T_{Dn}$

$A_3:|x_2-x_3|<T_{Dn}$

设误警率为 α，因此 P(判断 H_1 真$|H_0$ 真$)=\alpha$，设阈值为 T_{D_n}，判断 H_0 为真的条件是事件 A_1、A_2、A_3 中有两个同时发生。设事件 $A_i(i=1,2,3)$发生的概率均为$(1-\lambda)$，此时，用二进制 0 代表事件 $A_i(i=1,2,3)$发生，二进制 1 代表事件 $A_i(i=1,2,3)$不发生，则发生的情况见表 7.3.1。

表 7.3.1　事件 $A_i(i=1,2,3)$发生情况及所对应概率

序号	事件发生情况	事件发生的概率
000	A_1发生，A_2发生，A_3发生	$(1-\lambda)^3$
001	A_1发生，A_2发生，A_3不发生	$\lambda(1-\lambda)^2$
010	A_1发生，A_2不发生，A_3发生	$\lambda(1-\lambda)^2$
011	A_1发生，A_2不发生，A_3不发生	$\lambda^2(1-\lambda)$
100	A_1不发生，A_2发生，A_3发生	$\lambda(1-\lambda)^2$
101	A_1不发生，A_2发生，A_3不发生	$\lambda^2(1-\lambda)$
110	A_1不发生，A_2不发生，A_3发生	$\lambda^2(1-\lambda)$
111	A_1不发生，A_2不发生，A_3不发生	λ^3

由表 7.3.1 可知，事件 $A_i(i=1,2,3)$两个以上同时发生的概率为

$$\lambda^3+3\lambda^2(1-\lambda)=1-\alpha \tag{7.3.29}$$

又因为 λ 为事件发生的概率，所以 $0\leqslant\lambda\leqslant1$ 恒成立，解方程式(2.3.7)并依此条件 $0\leqslant\lambda\leqslant1$ 即可得到最终 λ 的值：

$$T_{Dn}=z_{(1-\lambda/2)}\sqrt{2}\sigma_n \tag{7.3.30}$$

式中：$z_{(1-\lambda/2)}$为标准正态分布的$(1-\lambda/2)$分位点。

因为只考虑了噪声，所以

$$T_D = T_{Dn} \tag{7.3.31}$$

值得一提的是，表 7.3.1 的事件发生概率不是很准确，因为 z_1、z_2、z_3 不是相互独立的，里面有一个相关性的问题。但由于三个传感器的输出噪声是独立的，因此其的两两差值也近似把它们看成是独立的。

7.4　惯性器件故障重构

对故障器件进行检测后，接下来的任务是隔离掉故障器件，组织剩余正常的器件提供正确的量测信息。对于单惯组多表级冗余系统，故障隔离只要在量测矩阵中删去与故障器件相对应的行后再进行处理，这就相当于对故障器件进行了隔离。故障重构的过程就是利用剩余正常的惯性器件，并用数据融合相关原理对剩余量测信息进行重组处理获得需要的量测量。对于多惯组系统级冗余，故障隔离就是将检测出故障的惯性器件从量测信息中切除掉，故障重构就是在剩下正常的传感器中选择合适传感器作为测量信息输出。

7.4.1　单惯组多表级故障重构

由于测量矩阵的存在，单惯组多表级冗余系统在对数据进行重构时，重点介绍采用最小二乘法予以实现。

1. 最小二乘法故障重构

最小二乘估计的指标是：使各次测量 $\boldsymbol{Z}$ 与估计 $\hat{\boldsymbol{X}}$ 确定的量测的估计 $\hat{\boldsymbol{Z}} = \hat{\boldsymbol{H}}\boldsymbol{X}$ 之差的平方和最小，即

$$\min J(\hat{\boldsymbol{X}}) = \min\,(\boldsymbol{Z} - \hat{\boldsymbol{H}}\boldsymbol{\omega})^{\mathrm{T}}(\boldsymbol{Z} - \hat{\boldsymbol{H}}\boldsymbol{\omega}) \tag{7.4.1}$$

要使上式最小，需满足

$$\frac{\partial J(\hat{\boldsymbol{X}})}{\partial \boldsymbol{X}} = -2\boldsymbol{H}^{\mathrm{T}}(\boldsymbol{Z} - \hat{\boldsymbol{H}}\boldsymbol{X}) = 0 \tag{7.4.2}$$

若 $\boldsymbol{H}$ 具有最大秩 n，即 $\boldsymbol{H}^{\mathrm{T}}\boldsymbol{H}$ 正定，且 $m > n$，则 $\boldsymbol{X}$ 的最小二乘估计为

$$\hat{\boldsymbol{X}} = (\boldsymbol{H}^{\mathrm{T}}\boldsymbol{H})^{-1}\boldsymbol{H}^{\mathrm{T}}\boldsymbol{Z} \tag{7.4.3}$$

若量测噪声 $\boldsymbol{\varepsilon}$ 是均值为 0、方差为 R 的随机矢量，则此时的最小二

乘估计的均方误差阵为

$$E[\tilde{X}\tilde{X}^{\mathrm{T}}]=(H^{\mathrm{T}}H)^{-1}H^{\mathrm{T}}RH(H^{\mathrm{T}}H)^{-1} \tag{7.4.4}$$

最小二乘估计不分优劣地使用了量测值信息,在多表惯性器件冗余配重方案中,正交和斜置安装的惯性器件安装精度不同,测量值精度也不同,因此可采用加权最小二乘法进行故障重构。对于精度质量高的正交轴测量信息权重取大些,对精度质量差的斜置轴测量信息权重取小些。加权后的最小二乘估计求取准则为

$$J(\hat{X})=(Z-H\hat{\omega})^{\mathrm{T}}W(Z-H\hat{\omega})=\min \tag{7.4.5}$$

解得

$$\hat{X}=[H^{\mathrm{T}}(W+W^{\mathrm{T}})H]^{-1}H^{\mathrm{T}}(W+W^{\mathrm{T}})Z \tag{7.4.6}$$

一般情况下,加权矩阵取成对称阵,即 $W=W^{\mathrm{T}}$,所以此时的加权最小二乘估计为

$$\hat{X}=(H^{\mathrm{T}}WH)^{-1}H^{\mathrm{T}}WZ \tag{7.4.7}$$

估计误差为

$$\begin{aligned}\tilde{X}&=X-\hat{X}=(H^{\mathrm{T}}WH)^{-1}H^{\mathrm{T}}WHX-(H^{\mathrm{T}}WH)^{-1}H^{\mathrm{T}}WZ\\&=(H^{\mathrm{T}}WH)^{-1}H^{\mathrm{T}}W(HX-Z)=-(H^{\mathrm{T}}WH)^{-1}H^{\mathrm{T}}WV\end{aligned} \tag{7.4.8}$$

如果量测误差 $\boldsymbol{\varepsilon}$ 的均值为 $\mathbf{0}$,方差阵为 R,此时加权最小二乘估计为无偏估计,估计的均方差为

$$\begin{aligned}E[\tilde{X}\tilde{X}^{\mathrm{T}}]&=E[(H^{\mathrm{T}}WH)^{-1}H^{\mathrm{T}}WV((H^{\mathrm{T}}WH)^{-1}H^{\mathrm{T}}WV)^{\mathrm{T}}]\\&=E[(H^{\mathrm{T}}WH)^{-1}H^{\mathrm{T}}WVV^{\mathrm{T}}W^{\mathrm{T}}H(H^{\mathrm{T}}WH)^{-1}]\\&=(H^{\mathrm{T}}WH)^{-1}H^{\mathrm{T}}WRW^{\mathrm{T}}H(H^{\mathrm{T}}WH)^{-1}\end{aligned} \tag{7.4.9}$$

当 $W=R^{-1}$ 时,估计的均方误差比任何其他加权最小二乘估计的均方误差都要小,所以 $W=R^{-1}$ 时的估计是加权最小二乘估计中的最优者。此时加权最小二乘估计为

$$\hat{X}=(H^{\mathrm{T}}R^{-1}H)^{-1}H^{\mathrm{T}}R^{-1}Z \tag{7.4.10}$$

此估计的均方差误差为

$$E[\tilde{X}\tilde{X}^{\mathrm{T}}]=(H^{\mathrm{T}}R^{-1}H)^{-1} \tag{7.4.11}$$

下面以表 7.2.1 中三正交一斜置配置方案为例说明最小二乘估计和加权最小二乘估计的估计准确性。配置方案如图 7.2.2 所示,安装

角度 $\alpha = 54.74°$，正交器件测量误差方差为 σ^2，斜置器件测量误差为 $25\sigma^2$。安装矩阵为

$$\boldsymbol{H} = \begin{bmatrix} 1 & 0 & 0 \\ 0 & 1 & 0 \\ 0 & 0 & 1 \\ \frac{\sqrt{2}}{2}\sin\alpha & \frac{\sqrt{2}}{2}\sin\alpha & \cos\alpha \end{bmatrix} \tag{7.4.12}$$

在无故障情况下，使用最小二乘法得到的估计均方误差的模为

$$\| E[\widetilde{\boldsymbol{X}}\widetilde{\boldsymbol{X}}^{\mathrm{T}}] \| = \| (\boldsymbol{H}^{\mathrm{T}}\boldsymbol{H})^{-1}\boldsymbol{H}^{\mathrm{T}}\boldsymbol{R}\boldsymbol{H}(\boldsymbol{H}^{\mathrm{T}}\boldsymbol{H})^{-1} \| = 6.652\sigma^2 \tag{7.4.13}$$

使用加权最小二乘法得到的估计均方误差的模为

$$\| E[\widetilde{\boldsymbol{X}}\widetilde{\boldsymbol{X}}^{\mathrm{T}}] \| = \| (\boldsymbol{H}^{\mathrm{T}}\boldsymbol{R}^{-1}\boldsymbol{H})^{-1} \| = 1.710\sigma^2 \tag{7.4.14}$$

从以上结果可以看出，当考虑正交轴和斜置轴的不同安装精度时，采用加权最小二乘估计方法下的估计误差较小，估计准确性较高。

2. 三正交多斜置故障重构

三正交多斜置冗余方案如图 7.4.1 所示，X、Y、Z 为三个互相垂直的正交轴，在 $OXYZ$ 立体空间内共有 N 个斜置轴，斜置轴与 X、Y、Z 轴的夹角分别为 $\alpha_1, \cdots, \alpha_N, \beta_1, \cdots, \beta_N, \gamma_1, \cdots, \gamma_N$。

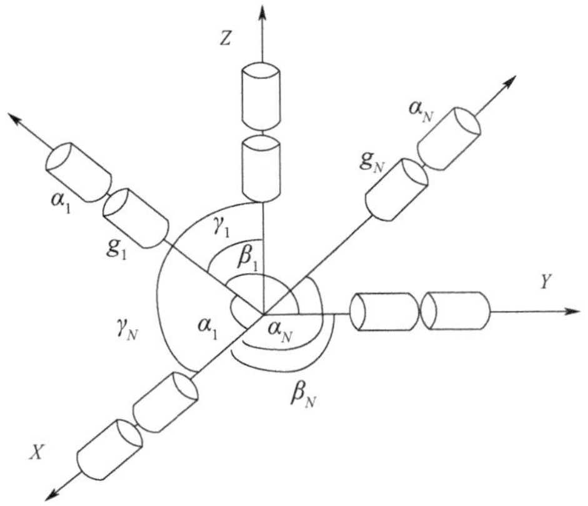

图 7.4.1　三正交多斜置冗余方案

系统的安装矩阵为

$$
\boldsymbol{H}=\begin{bmatrix} 1 & 0 & 0 \\ 0 & 1 & 0 \\ 0 & 0 & 1 \\ \cos\alpha_1 & \cos\beta_1 & \cos\gamma_1 \\ \vdots & \vdots & \vdots \\ \cos\alpha_N & \cos\beta_N & \cos\gamma_N \end{bmatrix} \tag{7.4.15}
$$

由于斜置轴发生故障系统不需要重构，只输出正交轴上惯性器件量测值即可，假设正交轴 X 上器件发生故障，设三个方向上的视角速度为 ω_x、ω_y 和 ω_z。五轴上的测量输出分别为 $m_x, m_y, m_z, m_1, \cdots, m_N$，当正交轴 X 上器件发生故障时，安装矩阵变为

$$
\begin{bmatrix} m_y \\ m_z \\ m_1 \\ \vdots \\ m_N \end{bmatrix}=\begin{bmatrix} 0 & 1 & 0 \\ 0 & 0 & 1 \\ \cos\alpha_1 & \cos\beta_1 & \cos\gamma_1 \\ \vdots & \vdots & \vdots \\ \cos\alpha_N & \cos\beta_N & \cos\gamma_N \end{bmatrix}\begin{bmatrix} \omega_x \\ \omega_y \\ \omega_z \end{bmatrix} \tag{7.4.16}
$$

展开矩阵，则有

$$
\begin{cases} \hat{\omega}_{x1}=\dfrac{m_1-m_Y\cos\beta_1-m_Z\cos\gamma_1}{\cos\alpha_1} \\ \qquad\qquad\vdots \\ \hat{\omega}_{xN}=\dfrac{m_N-m_Y\cos\beta_N-m_Z\cos\gamma_N}{\cos\alpha_N} \end{cases} \tag{7.4.17}
$$

式中：$\hat{\omega}_{xN}$表示由 Y、Z、g_N 轴得到的 X 轴重构值。

则 $\hat{\omega}_x=k_1\cdot\hat{\omega}_{x1}+,\cdots,+k_N\cdot\hat{\omega}_{xN}$ 加权系数 $k_1, k_2, \cdots, k_N$ 约束条件为

$$
\begin{cases} k_1+k_2+\cdots+k_N=1 \\ \dfrac{k_1}{k_N}=\dfrac{\cos\alpha_1|}{|\cos\alpha_N|} \end{cases} \tag{7.4.18}
$$

可得

$$
\begin{aligned}
\hat{\omega}_x &= k_1 \cdot \hat{\omega}_{x1} + \cdots + k_N \cdot \hat{\omega}_{xN} \\
&= \frac{|\cos\alpha_1|}{\sum_{i=1}^{N}|\cos\alpha_i|} \cdot \hat{\omega}_{x1} + \frac{|\cos\alpha_2|}{\sum_{i=1}^{N}|\cos\alpha_i|} \cdot \hat{\omega}_{x2} + \cdots + \frac{|\cos\alpha_N|}{\sum_{i=1}^{N}|\cos\alpha_i|} \cdot \hat{\omega}_{xN} \\
&= \frac{|\cos\alpha_1|}{\sum_{i=1}^{N}|\cos\alpha_i|} \cdot \frac{m_1 - m_y\cos\beta_1 - m_z\cos\gamma_1}{\cos\alpha_1} + \cdots \\
&\quad + \frac{|\cos\alpha_N|}{\sum_{i=1}^{N}|\cos\alpha_i|} \cdot \frac{m_N - m_y\cos\beta_N - m_z\cos\gamma_N}{\cos\alpha_N} \\
&= \frac{\mathrm{sign}(\cos\alpha_1) \cdot (m_1 - m_y\cos\beta_1 - m_z\cos\gamma_1)}{\sum_{i=1}^{N}|\cos\alpha_i|} + \cdots \\
&\quad + \frac{\mathrm{sign}(\cos\alpha_N) \cdot (m_N - m_y\cos\beta_N - m_z\cos\gamma_N)}{\sum_{i=1}^{N}|\cos\alpha_i|} \\
&= \sum_{j=1}^{N} \frac{\mathrm{sign}(\cos\alpha_j) \cdot (m_j - m_y\cos\beta_j - m_z\cos\gamma_j)}{\sum_{i=1}^{N}|\cos\alpha_i|}
\end{aligned}
\tag{7.4.19}
$$

同理，可得：

当正交轴 Y 上器件发生故障时，有

$$
\hat{\omega}_y = \sum_{j=1}^{N} \frac{\mathrm{sign}(\cos\beta_j) \cdot (m_j - m_x\cos\alpha_j - m_z\cos\gamma_j)}{\sum_{i=1}^{N}|\cos\beta_i|} \tag{7.4.20}
$$

当正交轴 Z 上器件发生故障时，有

$$
\hat{\omega}_z = \sum_{j=1}^{N} \frac{\mathrm{sign}(\cos\gamma_j) \cdot (m_j - m_x\cos\alpha_j - m_y\cos\beta_j)}{\sum_{i=1}^{N}|\cos\gamma_i|} \tag{7.4.21}
$$

式(7.4.19)~式(7.4.21)给出了利用重构器件数据最多的重构策略，即利用全部冗余器件进行重构，也可以选用部分冗余器件进行重构，采用不同的重构策略会得到不同的重构精度。

3. 数值算例

下面以表7.2.1中三正交两斜置配置方案举例说明重构过程和重构精度。斜置轴 g_1 和 g_2 配置角度 $\alpha_1=125.9°$，$\beta_1=46.6°$，$\gamma_1=115.4°$，$\alpha_2=46.5°$，$\beta_2=56.5°$，$\gamma_2=118°$，正交轴和斜置轴的安装精度同上分别为 σ^2、$25\sigma^2$。假设正交轴 X 上器件发生故障。

（1）采用正交轴 Y、Z 和斜置轴 g_1 对正交轴 X 进行故障重构，测量矩阵为

$$\begin{bmatrix} m_y \\ m_z \\ m_1 \end{bmatrix}=\begin{bmatrix} 0 & 1 & 0 \\ 0 & 0 & 1 \\ \cos\alpha_1 & \cos\beta_1 & \cos\gamma_1 \end{bmatrix}\begin{bmatrix} \omega_x \\ \omega_y \\ \omega_z \end{bmatrix} \tag{7.4.22}$$

则

$$\hat{\omega}_x=\frac{m_1-0.6871\cdot m_y+0.4289\cdot m_z}{-0.5864} \tag{7.4.23}$$

加权最小二乘法求重构误差的方差，即

$$D(\hat{\omega}_x)=\|(\boldsymbol{H}^{\mathrm{T}}\boldsymbol{R}^{-1}\boldsymbol{H})^{-1}\|=74.657\sigma^2 \tag{7.4.24}$$

（2）采用正交轴 Y、Z 和斜置轴 g_2 对正交轴 X 进行故障重构，测量矩阵为

$$\begin{bmatrix} m_y \\ m_z \\ m_2 \end{bmatrix}=\begin{bmatrix} 0 & 1 & 0 \\ 0 & 0 & 1 \\ \cos\alpha_2 & \cos\beta_2 & \cos\gamma_2 \end{bmatrix}\begin{bmatrix} \omega_x \\ \omega_y \\ \omega_z \end{bmatrix} \tag{7.4.25}$$

则

$$\hat{\omega}_x=\frac{m_2-0.6871\cdot m_y+0.4289\cdot m_z}{-0.5864} \tag{7.4.26}$$

加权最小二乘法求重构误差的方差，即

$$D(\hat{\omega}_x)=\|(\boldsymbol{H}^{\mathrm{T}}\boldsymbol{R}^{-1}\boldsymbol{H})^{-1}\|=53.906\sigma^2 \tag{7.4.27}$$

（3）采用正交轴 Y 和斜置轴 g_1、g_2 对正交轴 X 进行故障重构，测量矩阵为

$$\begin{bmatrix} m_y \\ m_1 \\ m_2 \end{bmatrix} = \begin{bmatrix} 0 & 1 & 0 \\ \cos\alpha_1 & \cos\beta_1 & \cos\gamma_1 \\ \cos\alpha_2 & \cos\beta_2 & \cos\gamma_2 \end{bmatrix} \begin{bmatrix} \omega_x \\ \omega_y \\ \omega_z \end{bmatrix} \tag{7.4.28}$$

则

$$\hat{\omega}_x = \frac{\cos\gamma_2 \cdot m_1 - \cos\beta_1 \cdot \cos\gamma_2 \cdot m_Y - \cos\gamma_1 \cdot m_2 + \cos\gamma_1 \cos\beta_2 \cdot m_z}{\cos\alpha_1 \cos\gamma_2 - \cos\alpha_2 \cos\gamma_1} \tag{7.4.29}$$

加权最小二乘法求重构误差的方差，即

$$D(\hat{\omega}_x) = \| (\boldsymbol{H}^{\mathrm{T}}\boldsymbol{R}^{-1}\boldsymbol{H})^{-1} \| = 72.306\sigma^2 \tag{7.4.30}$$

（4）采用正交轴 Z 和斜置轴 g_1、g_2 对正交轴 X 进行故障重构，测量矩阵为

$$\begin{bmatrix} m_z \\ m_1 \\ m_2 \end{bmatrix} = \begin{bmatrix} 0 & 0 & 1 \\ \cos\alpha_1 & \cos\beta_1 & \cos\gamma_1 \\ \cos\alpha_2 & \cos\beta_2 & \cos\gamma_2 \end{bmatrix} \begin{bmatrix} \omega_x \\ \omega_y \\ \omega_z \end{bmatrix} \tag{7.4.31}$$

则

$$\hat{\omega}_x = \frac{\cos\beta_2 \cdot m_1 - \cos\gamma_1 \cdot \cos\beta_2 \cdot m_z - \cos\beta_1 \cdot m_2 + \cos\beta_1 \cos\gamma_2 \cdot m_z}{\cos\alpha_1 \cos\beta_2 - \cos\alpha_2 \cos\beta_1} \tag{7.4.32}$$

加权最小二乘法求重构误差的方差，即

$$D(\hat{\omega}_x) = \| (\boldsymbol{H}^{\mathrm{T}}\boldsymbol{R}^{-1}\boldsymbol{H})^{-1} \| = 44.856\sigma^2 \tag{7.4.33}$$

（5）采用正交轴 Y、Z 和斜置轴 g_1、g_2 对正交轴 X 进行故障重构，测量矩阵为

$$\begin{bmatrix} m_y \\ m_z \\ m_1 \\ m_2 \end{bmatrix} = \begin{bmatrix} 0 & 1 & 0 \\ 0 & 0 & 1 \\ \cos\alpha_1 & \cos\beta_1 & \cos\gamma_1 \\ \cos\alpha_2 & \cos\beta_2 & \cos\gamma_2 \end{bmatrix} \begin{bmatrix} \omega_x \\ \omega_y \\ \omega_z \end{bmatrix} \tag{7.4.34}$$

$$\begin{cases} m_1 = \cos\alpha_1 \cdot \omega_{x1} + \cos\beta_1 \cdot m_y + \cos\gamma_1 \cdot m_z \\ m_2 = \cos\alpha_2 \cdot \omega_{x2} + \cos\beta_2 \cdot m_y + \cos\gamma_2 \cdot m_z \end{cases} \tag{7.4.35}$$

$$\hat{\omega}_{x1} = \frac{m_1 - 0.6871 \cdot m_y + 0.4289 \cdot m_z}{-0.5864} \tag{7.4.36}$$

$$\hat{\omega}_{x2} = \frac{m_2 - 0.5519 \cdot m_y + 0.4695 \cdot m_z}{0.6884} \tag{7.4.37}$$

根据约束条件式(7.4.18)得到：$k_1 = 0.46$，$k_2 = 0.54$。

得到加权后的 X 轴综合重构值为

$$\hat{\omega}_x = 0.7844m_5 - 0.7844m_4 + 0.1061m_2 + 0.0318m_3$$

重构误差的方差为

$$D(\hat{\omega}_x) = 30.615\sigma^2 \tag{7.4.38}$$

将不同主轴上惯性器件故障重构结果和重构误差的方差统计见表7.4.1。

表7.4.1 三正交两斜置故障重构统计

故障轴	重构轴	重构表达式	误差方差 $D(\hat{\omega}_x)$
X	Y、Z、g_1	$\hat{\omega}_x = \frac{m_1 - 0.6871m_y + 0.4289m_z}{-0.5864}$	$74.657\sigma^2$
	Y、Z、g_2	$\hat{\omega}_x = \frac{m_2 - 0.6871m_y + 0.4289m_z}{-0.5864}$	$53.906\sigma^2$
	Y、g_1、g_2	$\hat{\omega}_x = \frac{-0.4695m_1 + 0.0859m_y + 0.4289m_2}{0.5705}$	$72.306\sigma^2$
	Z、g_1、g_2	$\hat{\omega}_x = \frac{0.5519m_1 - 0.0859m_z - 0.6871m_2}{-0.7966}$	$44.856\sigma^2$
	Y、Z、g_1、g_2	$\hat{\omega}_x = 0.7844m_2 - 0.7844m_1 + 0.1061m_y + 0.0318m_z$	$30.615\sigma^2$
Y	X、Z、g_1	$\hat{\omega}_y = \frac{m_1 + 0.5864m_x + 0.4289m_z}{0.6871}$	$54.113\sigma^2$
	X、Z、g_2	$\hat{\omega}_y = \frac{m_2 - 0.6884m_x + 0.4695m_z}{0.5519}$	$84.383\sigma_2$
	X、g_1、g_2	$\hat{\omega}_y = \frac{0.4695m_1 + 0.5706m_x - 0.4289m_z}{0.0858}$	$4118.054\sigma^2$
	Z、g_1、g_2	$\hat{\omega}_y = \frac{0.5519m_1 - 0.0859m_z - 0.6871m_2}{-0.7966}$	$44.856\sigma^2$
	X、Z、g_1、g_2	$\hat{\omega}_y = 0.8072m_2 + 0.8070m_1 - 0.0825m_x + 0.7251m_z$	$32.741\sigma^2$

（续）

故障轴	重构轴	重构表达式	误差方差 $D(\hat{\omega}_x)$
Z	X、Y、g_1	$\hat{\omega}_z = \frac{m_1 + 0.5864m_x - 0.6871m_y}{-0.4289}$	$140.354\sigma^2$
	X、Y、g_2	$\hat{\omega}_z = \frac{m_2 - 0.6884m_x - 0.5519m_y}{-0.4695}$	$116.999\sigma^2$
	X、g_1、g_2	$\hat{\omega}_z = \frac{0.6871m_2 - 0.7956m_x - 0.5519m_1}{-0.0858}$	$4118.054\sigma^2$
	Y、g_1、g_2	$\hat{\omega}_z = \frac{0.5864m_2 - 0.7956m_y + 0.6884m_1}{-0.5706}$	$72.306\sigma^2$
	X、Y、g_1、g_2	$\hat{\omega}_z = -1.1129m_2 - 1.1212m_1 + 1.3400m_y + 0.1097m_x$	$63.774\sigma^2$

由表 7.4.1 可知，使用 X、g_1、g_2 对 Y 解故障进行重构和使用 X、g_1、g_2 对 Z 轴故障进行重构时，误差方差值较大，这是因为在 $\alpha_1 = 125.9°$，$\beta_1 = 46.6°$，$\gamma_1 = 115.4°$，$\alpha_2 = 46.5°$，$\beta_2 = 56.5°$，$\gamma_2 = 118°$安装情况下，g_1、g_2 斜置轴和 Y 轴、Z 轴的物理相关性较小，导致测量误差较大。

当 X 轴故障时，使用 Y、Z、g_1、g_2 信息重构误差最小；当 Y 轴故障时，使用 X、Z、g_1、g_2 信息重构误差最小；当 Z 轴故障时，使用 X、Y、g_1、g_2 信息重构误差最小。这说明，使用全部四个剩余轴上信息重构误差方差最小，重构的准确度最高。

7.4.2　多惯组系统级故障重构

对多惯组系统级冗余配置来讲，只要多套惯组之间的安装关系标定出来，即不同惯组之间的相对安装角度确定，可以看作将不同惯组上的同类型惯性器件平移到一点上，此时多套惯组完全可以等同于多表级单套惯组，重构方法可以参照 7.4.1 节。

此外，工程上从简单实用的角度还有其他故障重构的方法，以三惯组冗余配置方案为例：当一套惯组中的一个惯性器件发生故障，可以将整套惯组切掉，利用剩下的两套惯组测量量作为输出；也可以仅屏蔽掉故障惯组上的故障器件，故障惯组中其他正常惯性器件的测量量与其他两套惯组的测量量加权作为输出。图 7.4.2 和图 7.4.3 分别描述了两套方案的故障重构过程。前一种方案简单可靠但经济性不高且使得重构后系统的冗余度下降;后一种方案算法比较复杂但最大程度上保证系统在故障后仍具有一定的冗余能力,同时兼顾了经济性和测量精度。选择方案时,需要根据具体任务特点和要求综合考虑。

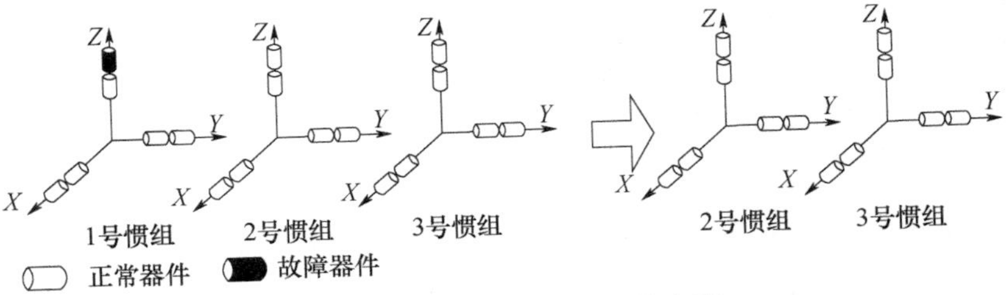

图 7.4.2　切掉整个惯组重构方案

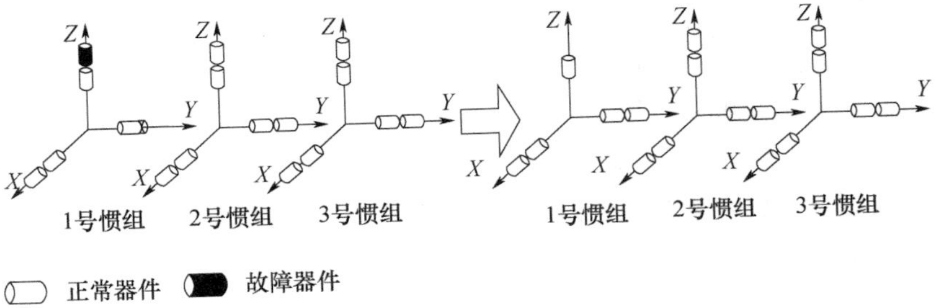

图 7.4.3　切掉故障惯性器件重构方案

参考文献

[1] 李超兵,任子君. 五冗余捷联惯组配置及故障重构技术研究[J]. 机电一体化,2014,20(2):28－30,78.

[2] 陈杰, 张洪钺, 以光衢. 余度敏感器系统中传感器配置结构和奇偶矢量的最优化[J]. 航空学报, 1997, 11(3): 175－182.

[3] 王易南, 陈康, 闫杰. 三捷联惯组冗余系统故障检测阈值设计方法[J]. 固体火箭技术, 2014, 37(4): 458－462.

[4] 张玲霞, 陈明, 刘翠萍. 冗余传感器故障诊断的最优奇偶矢量法与广义似然比检验法的

等效性[J]. 西北工业大学学报, 2005, 23(2): 266 - 270.

[5] 刘莎红. 捷联惯性导航系统多传感器冗余技术研究[D]. 哈尔滨:哈尔滨工程大学, 2012.

[6] 潘鸿飞, 袁立群, 任尚云. 捷联惯导陀螺仪冗余配置研究[J]. 飞航导弹, 2003 (2): 52 - 56.

[7] 张志鑫, 张峰. 基于故障树和奇异值分解的捷联惯性导航系统故障检测[J]. 中国惯性技术学报, 2008, 16(3): 359 - 363.

第8章　制导与中途修正技术

8.1　引　　言

轨道转移飞行器的运行轨道一般由主动飞行段和自由飞行段组成。主动飞行段是指飞行器在变轨发动机点火作用下的运动过程；自由飞行段是变轨发动机关机后，飞行器在引力和各种摄动作用下的运动过程。

轨道转移飞行器的轨道控制是指利用变轨发动机对飞行器的质心施加外力以改变其运动轨迹的技术。飞行器的轨道控制可分为两类：一类是轨道机动（简称变轨），即飞行器借助于自身的制导和推进系统，进行若干次转移轨道机动控制，最终进入目标轨道，这一类轨道控制通常称为制导；另一类是中途修正，即为克服空间环境等因素对轨道的摄动，需间断地对轨道进行修正控制，使飞行器的轨道保持和符合应用任务的要求。

轨道转移飞行器由初始轨道进入目标轨道，为了节省燃料，提高运载能力，通常先经过一次变轨，使其进入预定的转移轨道，飞行器在转移轨道上自由飞行，当运动到转移轨道末段时，再经过一次变轨，使飞行器从转移轨道进入目标轨道。通常利用第一类轨道控制技术来设计从初始轨道进入转移轨道以及从转移轨道进入目标轨道所需要施加的机动，由于这两次变轨的机动范围一般较大，因此需要利用变轨能力强的主发动机实现。

在理想情况下，飞行器利用主发动机完成所设计的轨道机动后就可以进入目标轨道。但是在实际飞行过程中，由于非球形地球引力、日月引力、大气阻力、太阳光压等因素的影响，以及存在入轨误差、导航误差和发动机推力偏差等问题，使得飞行器的实际转移轨道不可避免地会偏离设计轨道，为保证最终进入目标轨道的精度，对实际转移轨道进行中途修正是十分必要的。为此，通常利用第二类轨道控制技术来设计修正所需要施加的机动，即中途修正。中途修正的主要目的是为了克服摄动因素的影响，为第一类轨道控制技术提供一个良好的初始条件，机动范围一般较小，因此可利用诸如姿控发动机在内的小发动机来实现。当飞行器在转移轨道上的飞行时间较短时，如果摄动因素的影响在容许的误差范围内，也可以不实施中途修正。

本章对轨道转移飞行器的这两类轨道控制分别进行介绍：针对第一类轨道控制，重点分析轨道机动所涉及的制导技术，包括摄动制导、迭代制导等几种典型的制导方法；针对第二类轨道控制，重点分析转移轨道的中途修正技术。

8.2　制导技术

8.2.1　摄动制导技术

摄动制导是实际飞行弹道接近标准弹道情况下的制导，主要基于泰勒展开的摄动理论，采用摄动关机方程和横法向导引实现其控制功能。通常将摄动关机方程和横法向导引统称为摄动制导。其中，摄动关机方程主要是通过射程控制实现的。摄动制导最典型的应用对象是弹道导弹，因此下面以弹道导弹为例对摄动制导技术进行介绍。当摄动制导应用于轨道转移飞行器时，除了描述飞行器运动的术语不同外，本质是相同的。

1. 射程控制

弹道导弹主动段飞行的特点是按事先算好装定的弹道转弯程序飞行。如果飞行条件完全符合预定的情况，则导弹在程序控制信号作用下，将沿着计算的标准弹道飞行，在预定的时间关闭发动机，达到预定的主动段终点速度和位置。这样,只要由没有误差的时间控制装置按着装定时间发出关机指令,就可以使导弹命中目标。但由于实际上有许多干扰因素使飞行条件偏离预计情况,造成落点偏差,落点偏差包括射程偏差和横向偏差,一般以射程偏差为零作为关机条件,因此制导系统的作用就是通过关机和导引减小干扰因素的影响,控制射程偏差达到最小。

射程 L 是飞行弹道参数(V,r)和时间 t 的函数,在标准(预定)的情况下,标准射程为

$$\bar{L}=l[\bar{V}_{\alpha}(t_k),\bar{\alpha}(t_k),\bar{t}_k],\alpha=x,y,z \tag{8.2.1}$$

式中:$\bar{t}_k$ 为预定关机时间;$\bar{V}_{\alpha}$ 为预定速度在笛卡儿坐标系的三个分量;α 为用笛卡儿坐标系表示的预定位置三个分量。

在实际飞行中,由于存在多种干扰力和干扰力矩因素的影响,实际弹道偏离预定弹道,因而实际射程为

$$L=l[V_{\alpha}(t_k),\alpha(t_k),t_k]\alpha=x,y,z \tag{8.2.2}$$

式中:V_{α}、α、t_k 分别为实际飞行速度、位置和关机时间。

射程偏差为

$$\Delta L=L-\bar{L} \tag{8.2.3}$$

从式(8.2.1)和式(8.2.2)可知,弹道导弹的射程取决于主动段关机点的参数,以射程偏差作为关机控制函数涉及 7 个参量(V_x,V_y,V_z,x,y,z,t),要保证射程准确,最直接的方法是控制导弹沿标准弹道飞行,即控制主动段终点的飞行状态量与预先计算的标准值完全相等。但是,要在关机时刻同时保证 7 个参数都等于预定值是困难的,而且也不是必要的。因为在实际弹道上有可能找出一个合适的关机点,这个关机点的 7 个运动参数组合值可以与标准关机点的 7 个标准运动参数组合值相等,即使飞行弹道不同,也可以使$\Delta L=0$。图 8.2.1是不同飞行弹道而具有

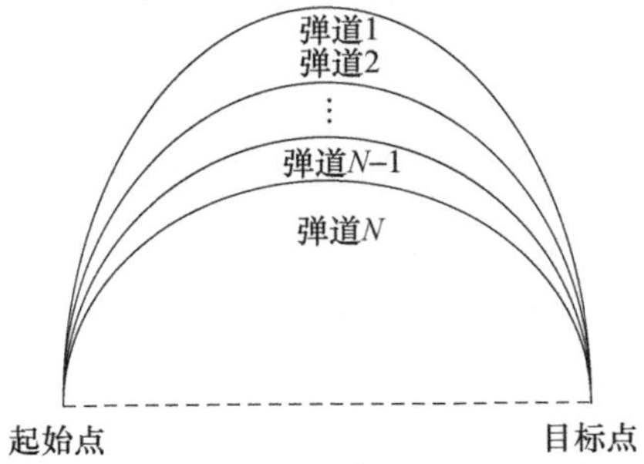

图 8.2.1 进入同一目标点的弹道族

同一射程的弹道示意图，与标准弹道相比，导弹的速度、位置和时间都可能不一样，但最后的射程偏差均为 0。基于这样的特点，关机控制的指标函数选取综合值 ΔL，而不选择 7 个参量。

一般情况下，横法向导引通过调节姿态可保证实际弹道和标准弹道之间的射程偏差为小量，只取一阶泰勒展开项就能满足制导解算的要求，此时有

$$\Delta L = J(t_k) - \bar{J}(\bar{t}_k) \tag{8.2.4}$$

式中

$$J(t_k) = \frac{\partial L}{\partial V_x}V_x(t_k) + \frac{\partial L}{\partial V_y}V_y(t_k) + \frac{\partial L}{\partial V_z}V_z(t_k) + \frac{\partial L}{\partial x}x(t_k) + \frac{\partial L}{\partial y}y(t_k) + \frac{\partial L}{\partial z}z(t_k) + \frac{\partial L}{\partial t}(t_k)$$

$$\bar{J}(\bar{t}_k) = \frac{\partial L}{\partial V_x}\bar{V}_x(\bar{t}_k) + \frac{\partial L}{\partial V_y}\bar{V}_y(\bar{t}_k) + \frac{\partial L}{\partial V_z}\bar{V}_z(\bar{t}_k) + \frac{\partial L}{\partial x}\bar{x}(\bar{t}_k) + \frac{\partial L}{\partial y}\bar{y}(\bar{t}_k) + \frac{\partial L}{\partial z}\bar{z}(\bar{t}_k) + \frac{\partial L}{\partial t}(\bar{t}_k)$$

式(8.2.4)表明，即使关机点 7 个运动参数与标准值不同，但其综合起来的值 $J(t_k)$ 只要满足和标准射程条件相同，即

$$J(t_k) = \bar{J}(\bar{t}_k) \tag{8.2.5}$$

则射程偏差 $\Delta L = 0$。因此定义 $J(t)$ 为关机特征量（也称关机控制泛函），写为

$$J(t) = \sum_{i=1}^{7} K_i X_i \tag{8.2.6}$$

式中：$X_i(i = 1, 2, \cdots, 7)$ 分别表示 $V_x(t), V_y(t), \cdots, t$；$K_i(i = 1, 2, \cdots, 7)$ 分别表示 $\frac{\partial L}{\partial V_x}, \frac{\partial L}{\partial V_y}, \cdots, \frac{\partial L}{\partial t}$ 等状态变量系数（又称射程偏差系数）。

从式(8.2.4)看出，摄动制导不需要飞行过程中将实际状态量与标准状态量做实时比较，而只需在关机点附近求取状态量并按式(8.2.6)计算关机特征量。将实际的关机特征量 $J(t_k)$ 与装定的 $\bar{J}(\bar{t}_k)$ 进行实时比较，当 $J(t_k)$ 与装定的标准关机特征量相等或小于某一允许值 ε_L 时，则发出关闭发动机指令。因此，摄动制导的实时计算量小。图 8.2.2 为摄动制导系统射程控制框图。

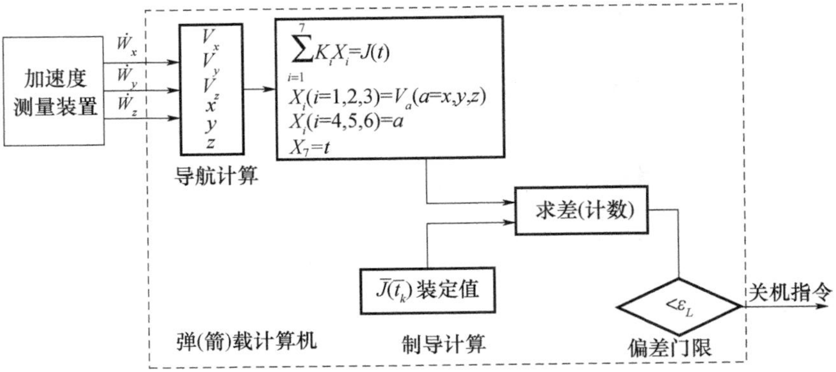

图 8.2.2　摄动制导系统射程控制框图

2. 法向导引和横向导引

法向导引的目的是将飞行器控制在射线上，横向导引主要是为了将飞行器控制在射面(发射坐标系的 XOY 平面)内，如图 8.2.3 所示。通过法向和横向的导引控制，可以保证射程偏差和横向偏差始终为小量，从而保证了射程关机控制的有效性。

1) 法向导引

法向导引是对飞行器在射面内质心运动的法向方向进行控制，主要是控制弹道倾角 θ_H(飞行器速度矢量与当地水平面的夹角)，如图 8.2.4所示。

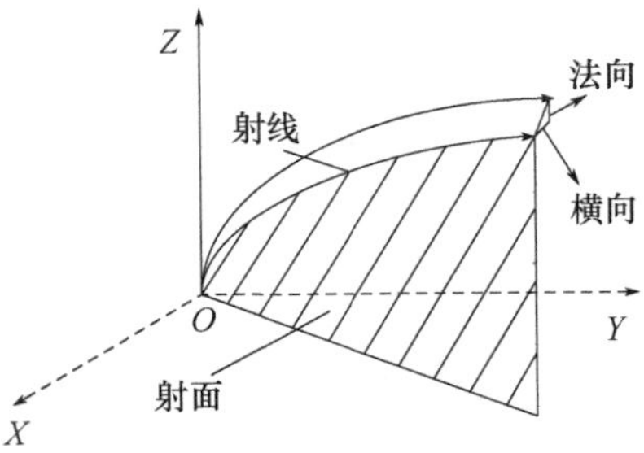

图 8.2.3　法向和横向导引示意图

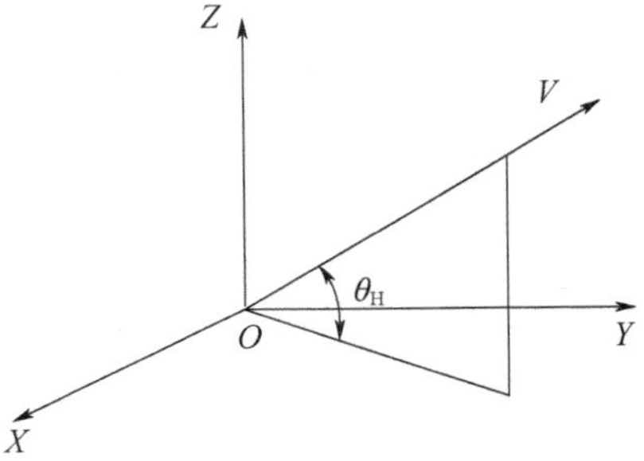

图 8.2.4　弹道倾角示意图

由图 8.2.4 可知

$$\theta_{\mathrm{H}} = \arctan \frac{V_z}{\sqrt{V_x^2 + V_y^2}}$$

可以通过控制导弹的俯仰角来减小弹道倾角偏差。取预定弹道倾角 $\bar{\theta}_{\mathrm{H}}(t)$ 作为参照标准，$\Delta\theta_{\mathrm{H}}(t)$ 作为法向控制函数，关机点时刻弹道倾角偏差一阶近似表示式可写成

$$\Delta\theta_{\mathrm{H}}(t_k) = \delta\theta_{\mathrm{H}}(t_k) + \dot{\theta}_{\mathrm{H}}(t_k - \bar{t}_k) \tag{8.2.7}$$

式中

$$\delta\theta_{\mathrm{H}}(t_k) = \sum E_i \delta\zeta_i \tag{8.2.8}$$

其中

$$E_i = \left.\frac{\partial\theta_{\mathrm{H}}}{\partial\zeta}\right|_{t_k}, \delta\zeta_i = \delta V_x, \delta V_y, \delta V_z, \delta x, \delta y, \delta z$$

根据射程控制是实现制导目标的第一条件，存在可以使 $\Delta L = 0$ 的时间，即

$$\Delta L = \delta L + \dot{L}(t_k - \bar{t}_k) = 0$$

式中 $\dot{L}$ 由标准弹道确定，由此

$$t_k - \bar{t}_k = -\frac{\delta L}{\dot{L}} \tag{8.2.9}$$

将(8.2.8)、式(8.2.9)代入式(8.2.7)，可得

$$\Delta\theta_{\mathrm{H}}(t_k) = \sum_{i=1}^{6} \left(E_i - \frac{\dot{\theta}_{\mathrm{H}}}{\dot{L}} a_i\right) \delta\zeta_i \tag{8.2.10}$$

式中：a_i 为射程偏差系数，$a_i = \left.\frac{\partial L}{\partial V_x}, \frac{\partial L}{\partial V_y}, \cdots, \frac{\partial L}{\partial V_z}\right|_{t_k}$。

2）横向导引

由前面关于射程控制的介绍可知，关机调节只能保持射程偏差尽可能小，但没有考虑横向偏差，为保证导弹落点横向偏差和运载火箭飞行轨道横向偏差小于容许值，需要采取横向控制，将飞行器导引回到射面内飞行，如图 8.2.5 所示。

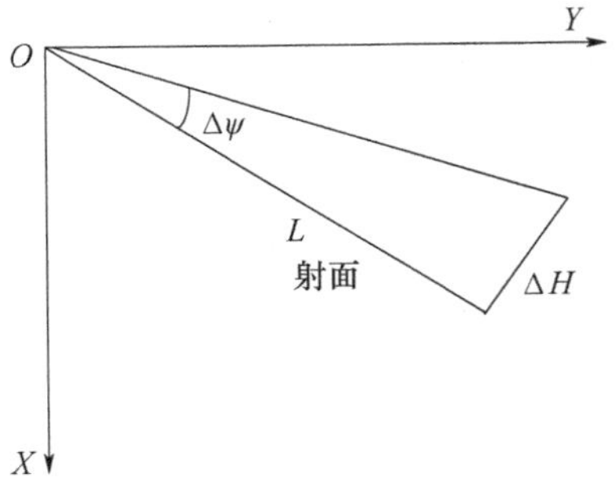

图 8.2.5　横向偏差示意图

由图 8.2.5 可知,横向偏差会使得导弹实际的射面与标准射面之间存在一个夹角 $\Delta\psi$,且有 $\Delta\psi \approx \arctan\dfrac{\Delta H}{L}$,可以通过控制导弹的航向角来减小 $\Delta\psi$,从而减小横向偏差。

横向运动控制的目的是使关机时刻的运动参数偏差满足横向偏差,即

$$\Delta H(t_k)=0 \tag{8.2.11}$$

类似法向导引方式,在偏差一阶近类似下,关机点时刻造成的落点横向偏差为

$$\Delta H(t_k)=\delta H(t_k)+\dot{H}(t_k-\bar{t}_k) \tag{8.2.12}$$

将式(8.2.11)代入式(8.2.12),可得

$$\Delta H(t_k)=\delta H(t_k)-\frac{\dot{H}}{\dot{L}}\delta L(t_k)=\sum_{i=1}^{6}\left(b_i-\frac{\dot{H}}{\dot{L}}a_i\right)\delta\zeta_i(t_k) \tag{8.2.13}$$

式中:$\dot{H}$ 由标准弹道确定;b_i 为横向偏差系数,$b_i=\dfrac{\partial H}{\partial V_x},\dfrac{\partial H}{\partial V_y},\dfrac{\partial H}{\partial V_z},\dfrac{\partial H}{\partial x},\dfrac{\partial H}{\partial y},\dfrac{\partial H}{\partial z}\Big|_{\bar{t}_k}$。

法向导航是飞行器偏离弹道倾角的归零控制,横向导引是飞行器

偏离射面的归零控制，两者均需要连续控制质心横向运动，按反馈控制原理构成闭环导引系统。横（法）向导引系统利用位置、速度信息，经过导引计算，算出横（法）向控制函数，并产生与之成比例的导引信号。此信号连续送入姿态控制系统偏航（俯仰）通道，通过推力矢量控制环节的控制力改变偏航角（俯仰角）实现对质心运动的控制。由于横向导引和法向导引是控制质心在横向和射面（法向）两个平面内运动，因而一般可按两个独立控制通道来分析。横/法导引系统框图如图 8. 2. 6所示。

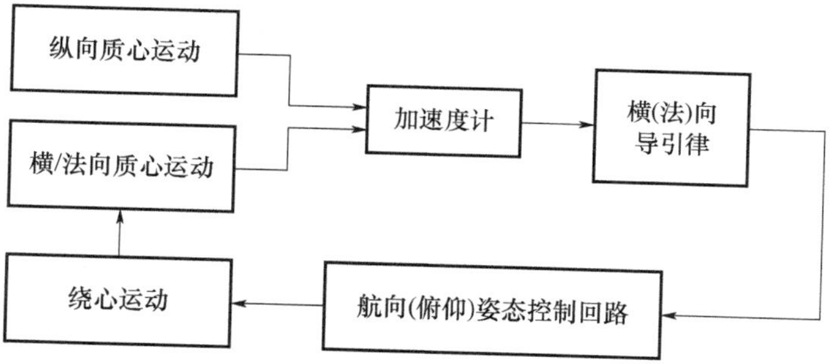

图 8. 2. 6　横/法向导引系统框图

关机特征量除采用射程外，根据实际任务的需要，有时也采用速度和时间。对于轨道转移飞行器来说，制导的主要目的是顺利入轨，在描述轨道的半长轴、偏心率、轨道倾角、升交点赤经、近地点幅角、真近点角（或者过近地点时间）的 6 个要素中，半长轴决定了轨道运行周期，这是入轨的首要前提，因此，通常采用轨道的半长轴作为关机特征量，即 $J(t)=a$（a 为半长轴）。此时对应的法向导引主要针对偏心率，这可以通过控制当地水平速度倾角实现，横向导引则主要针对轨道倾角。

8. 2. 2　迭代制导技术

从理论上来说，飞行器的制导是以质心运动作为状态方程，瞬时状态为初值、目标点状态为终端约束、推力方向为控制矢量，最短飞行时间为性能指标的最优控制问题。通过最优控制理论，可以导出一组以推力方向为控制变量的极值条件、状态方程、伴随方程和横截条件，对这组方程求解可以得到最优控制方向矢量的表达式（制导方程）以及相应的最优轨道。但是在实际应用中，飞行器携带的制导计算机无法完成上述方程求解过程的复杂计算。为此，需要对方程组做一些合理简化，得到适合于制导计算机求解的方程。迭代制导即为其中的一种简化技术，由于通过迭代来不断求解最佳入轨点以及最优弹道，所以称为迭代制导。

1. 飞行器运动方程

将运动方程建立在入轨点轨道坐标系，与入轨点轨道坐标系有关的量的下角标用 o 表示。考虑到飞行器在实际飞行过程中，基本处于真空环境，不考虑大气影响，控制系统可以保证滚转角近似为0°，并且在推导迭代制导过程中，采用平面地球假设，经过简化，可得飞行器在入轨点的质心动力学方程为

$$\begin{bmatrix} \ddot{X}_o \\ \ddot{Y}_o \\ \ddot{Z}_o \end{bmatrix} = \frac{F}{m}\begin{bmatrix} \cos\varphi_o\cos\psi_o \\ \sin\varphi_o\cos\psi_o \\ -\sin\psi_o \end{bmatrix} + \begin{bmatrix} g_{ox} \\ g_{oy} \\ g_{oz} \end{bmatrix} \tag{8.2.14}$$

式中：$[X \quad Y \quad Z]^{\mathrm{T}}$ 为飞行器位置矢量；F 为飞行器的推力；m 为飞行器质量；φ 为俯仰角；ψ 为偏航角；g 为重力加速度。

对从飞行器瞬时点到入轨点之间的轨迹做局部平面化假设，重力加速度矢量近似为瞬时点重力加速度矢量与入轨点重力加速度矢量的平均值，即

$$\begin{bmatrix} g_{ox} \\ g_{oy} \\ g_{oz} \end{bmatrix} = \frac{1}{2}\left(\begin{bmatrix} g_{o0x} \\ g_{o0y} \\ g_{o0z} \end{bmatrix} + \begin{bmatrix} g_{ofx} \\ g_{ofy} \\ g_{ofz} \end{bmatrix}\right) \tag{8.2.15}$$

式中：g_{ox}、g_{oy}、g_{oz} 为平均重力加速度矢量在入轨点轨道系中的分量；g_{o0x}、g_{o0y}、g_{o0z} 为飞行器瞬时点重力加速度矢量在入轨点轨道系中的分量；g_{ofx}、g_{ofy}、g_{ofz} 为飞行器入轨点重力加速度矢量在入轨点轨道系中的

分量。

飞行器质心运动学方程为

$$\begin{bmatrix} \dot{X}_o \\ \dot{Y}_o \\ \dot{Z}_o \end{bmatrix} = \begin{bmatrix} V_{ox} \\ V_{oy} \\ V_{oz} \end{bmatrix} \tag{8.2.16}$$

式中：$[V_{ox} \quad V_{oy} \quad V_{oz}]^{\mathrm{T}}$ 为入轨点轨道坐标系下的飞行器速度矢量。

2. 最优控制问题描述

飞行器的发动机推力为常值，所以式(8.2.14)中的 F 恒定，又可知 $F = \dot{m}I_{\mathrm{sp}}$，其中 $\dot{m}$ 为秒耗量，I_{sp} 为比冲。对于大部分飞行器轨道任务来说，希望入轨过程中燃料消耗最少，即入轨的有效质量最大，又因为 $\dot{m}$ 为常值，所以性能指标等价于时间最短，即

$$J = t_{\mathrm{f}} = \int_0^{t_{\mathrm{f}}} 1\mathrm{d}t \tag{8.2.17}$$

下面确定最优控制问题的状态方程，将(8.2.14)和(8.2.16)式写成状态空间的形式，状态变量 $\boldsymbol{X} = [\dot{X}_o \quad X_o \quad \dot{Y}_o \quad Y_o \quad \dot{Z}_o \quad Z_o]^{\mathrm{T}}$，可得

$$\dot{\boldsymbol{X}} = \boldsymbol{AX} + \boldsymbol{Bu} + \boldsymbol{C} \tag{8.2.18}$$

式中

$$\boldsymbol{A} = \begin{bmatrix} 0 & 0 & 0 & 0 & 0 & 0 \\ 1 & 0 & 0 & 0 & 0 & 0 \\ 0 & 0 & 0 & 0 & 0 & 0 \\ 0 & 0 & 1 & 0 & 0 & 0 \\ 0 & 0 & 0 & 0 & 0 & 0 \\ 0 & 0 & 0 & 0 & 1 & 0 \end{bmatrix}, B = \frac{F}{m}, \boldsymbol{u} = \begin{bmatrix} \cos\varphi_o \cos\psi_o \\ 0 \\ \sin\varphi_o \cos\psi_o \\ 0 \\ -\sin\psi_o \\ 0 \end{bmatrix}, \boldsymbol{C} = \begin{bmatrix} g_{ox} \\ 0 \\ g_{oy} \\ 0 \\ g_{oz} \\ 0 \end{bmatrix}$$

由于 $\boldsymbol{X}$ 是状态变量，所以需要确定其初值与终值，由飞行器当前时刻和入轨时刻的状态（速度、位置），可得 $\boldsymbol{X}$ 的初始值 $\boldsymbol{X}_{\mathrm{i}} = [\dot{X}_{o\mathrm{i}} X_{o\mathrm{i}} \dot{Y}_{o\mathrm{i}} Y_{o\mathrm{i}} \dot{Z}_{o\mathrm{i}} Z_{o\mathrm{i}}]^{\mathrm{T}}$，$\boldsymbol{X}$ 的终端值 $\boldsymbol{X}_{\mathrm{f}} = [\dot{X}_{o\mathrm{f}} X_{o\mathrm{f}} \dot{Y}_{o\mathrm{f}} Y_{o\mathrm{f}} \dot{Z}_{o\mathrm{f}} Z_{o\mathrm{f}}]^{\mathrm{T}}$，$\boldsymbol{u}$ 为控制

变量。

式(8.2.17)和式(8.2.18)组成了一个最优控制问题,求解该最优控制问题,就是求解 $\boldsymbol{u}$ 的变化规律,使整个系统从初始状态以时间最短转移到终端状态。如果得出 $\boldsymbol{u}$ 的变化规律,即可知飞行器飞行姿态角指令。

3. 最优控制问题求解

为了求解上述最优控制问题,列写哈密顿函数

$$H=\lambda_1\left(\frac{F}{m}\cos\varphi_o\cos\psi_o+g_{ox}\right)+\lambda_2X_o+\lambda_3\left(\frac{F}{m}\sin\varphi_o\cos\psi_o+g_{oy}\right)+\lambda_4Y_o+\lambda_5\left(-\frac{F}{m}\sin\psi_o+g_{oz}\right)+\lambda_6Z_o+1 \tag{8.2.19}$$

由最优控制的极值条件可得

$$\frac{\partial H}{\partial \boldsymbol{u}}=0 \tag{8.2.20}$$

即

$$\begin{bmatrix}\lambda_1\sin\varphi_o\cos\psi_o-\lambda_3\cos\varphi_o\cos\psi_o\\ \lambda_1\cos\varphi_o\sin\psi_o+\lambda_3\sin\varphi_o\sin\psi_o+\lambda_5\cos\psi_o\end{bmatrix}=\mathbf{0} \tag{8.2.21}$$

伴随方程为

$$\dot{\boldsymbol{\lambda}}=-\frac{\partial H}{\partial \boldsymbol{X}} \tag{8.2.22}$$

即

$$\begin{bmatrix}\dot\lambda_1\\ \dot\lambda_2\\ \dot\lambda_3\\ \dot\lambda_4\\ \dot\lambda_5\\ \dot\lambda_6\end{bmatrix}=\begin{bmatrix}-\lambda_2\\ 0\\ -\lambda_4\\ 0\\ -\lambda_6\\ 0\end{bmatrix} \tag{8.2.23}$$

横截条件为

$$\boldsymbol{\lambda}\delta\boldsymbol{X}\big|_{t_f}=\boldsymbol{0} \tag{8.2.24}$$

即

$$\begin{bmatrix}\lambda_1\delta X_1\\ \lambda_2\delta X_2\\ \lambda_3\delta X_3\\ \lambda_4\delta X_4\\ \lambda_5\delta X_5\\ \lambda_6\delta X_6\end{bmatrix}=\boldsymbol{0} \tag{8.2.25}$$

对式(8.2.23)积分,可得

$$\begin{cases}\lambda_1=\lambda_{10}-\lambda_{20}t\\ \lambda_3=\lambda_{30}-\lambda_{40}t\\ \lambda_5=\lambda_{50}-\lambda_{60}t\end{cases} \tag{8.2.26}$$

式中:$\lambda_{10},\lambda_{20},\cdots,\lambda_{60}$为积分常数。

对于目标点速度分量($\dot{X}_{of},\dot{Y}_{of},\dot{Z}_{of}$)及位置分量($Y_{of},Z_{of}$)确定,$X_{of}$不确定的情况,有

$$\lambda_{20}=0$$

$$\begin{cases}\lambda_1=\lambda_{10}\\ \lambda_3=\lambda_{30}-\lambda_{40}t\\ \lambda_5=\lambda_{50}-\lambda_{60}t\end{cases} \tag{8.2.27}$$

由式(8.2.21)与式(8.2.27)可得

$$\begin{cases}\tan\varphi_o=\dfrac{\lambda_{30}-\lambda_{40}t}{\lambda_{10}}\\ \tan\psi_o=\dfrac{\lambda_{50}-\lambda_{60}t}{\lambda_{10}\cos\varphi_o+(\lambda_{30}-\lambda_{40}t)\sin\varphi_o}\end{cases} \tag{8.2.28}$$

控制角的表达式依赖于积分常值 λ_{i0} 的确定。由于上式的求解非常复杂,所以在定推力、定比冲、均匀重力场假设下,迭代制导中通常用

下式来给出最优控制角的近似解析形式，即

$$\begin{cases}\varphi_o = \overline{\varphi}_o - K_{\varphi 1} + K_{\varphi 2} t \\ \psi_o = \overline{\psi}_o - K_{\psi 1} + K_{\psi 2} t\end{cases} \tag{8.2.29}$$

式中：$\overline{\varphi}_o$、$\overline{\psi}_o$为利用最优控制原理，在只满足终端速度约束时，最省燃料的控制姿态角，该量为整个控制姿态角的主要部分。为了满足入轨点位置约束的控制量为姿态角指令的次要部分，$K_{\varphi 1}$、$K_{\varphi 2}$、$K_{\psi 1}$、$K_{\psi 2}$是为了保证入轨点矢径的附加小角度的参数。所以迭代制导的核心在于求取上述6个参数值。

迭代制导参数的求解可以分为两个部分，即预测和校正两个环节。预测量包括剩余飞行时间、与剩余时间有关的瞬时入轨点地心角预测值、推力积分、重力积分、入轨点的位置和速度。校正是指由预测量和期望量来求取最优控制解的过程，校正过程即为一个总的步骤的概括。

剩余时间是指飞行器从当前点到关机点（入轨点）的时间。地心角是当前时刻对应的入轨点地心角，用来计算坐标转换矩阵A_i^o。推力积分是指飞行器在整个飞行过程中，只由推力产生的速度增量和位置增量，速度增量称为推力一次积分，位置增量称为推力二次积分。重力积分是指飞行器在整个飞行过程中，只由重力产生的速度增量和位置增量，速度增量称为重力一次积分，位置增量称为重力二次积分。

4. 预测过程

预测过程包括剩余时间的求解、地心角的求解、推力积分与重力积分的计算四个部分。

1）剩余时间的计算

采用齐奥尔科夫斯基公式给出一个剩余时间预估公式，设飞行器瞬时制导时刻为0，质量为m_0，关机时间为t_s，剩余时间$t_g = t_s - 0 = t_s$，速度增量为ΔV，可得

$$t_g = t_h\left[1 - \exp\left(-\frac{\Delta V}{I_{sp}}\right)\right] \tag{8.2.30}$$

式中：$t_h = \dfrac{m_0}{\dot{m}}$。

因为飞行器当前时刻并不能得出 ΔV,所以 ΔV 也是预估量,所以求 t_g 需要一个迭代过程。设 V_{ofx}、V_{ofy}、V_{ofz} 为入轨点在入轨点轨道坐标系的速度分量,V_{o0x}、V_{o0y}、V_{o0z} 为飞行器的瞬时时刻在入轨点轨道坐标系的速度分量,则有

$$\Delta V=\sqrt{(V_{ofx}-V_{o0x}-g_{ox}t_g)^2+(V_{ofy}-V_{o0y}-g_{oy}t_g)^2+(V_{ofz}-V_{o0z}-g_{oz}t_g)^2} \tag{8.2.31}$$

式(8.2.30)及式(8.2.31)构成了对剩余时间 t_g 预测的迭代过程。

2）推力积分计算

假设推力为常值,则可以推出推力积分的解析运算结果。推力项在入轨点轨道坐标系中的分量为$\frac{F}{m}\begin{bmatrix}\cos\varphi_o\cos\psi_o\\ \sin\varphi_o\cos\psi_o\\ -\sin\psi_o\end{bmatrix}$,假设剩余飞行时间已经求出,推力一次积分为

$$\boldsymbol{V}_{\text{thrust}}=\begin{bmatrix}\int_0^{t_g}\frac{F}{m}\cos\varphi_o\cos\psi_o\,\mathrm{d}t\\ \int_0^{t_g}\frac{F}{m}\sin\varphi_o\cos\psi_o\,\mathrm{d}t\\ -\int_0^{t_g}\frac{F}{m}\sin\psi_o\,\mathrm{d}t\end{bmatrix} \tag{8.2.32}$$

推力二次积分为

$$\boldsymbol{R}_{\text{thrust}}=\begin{bmatrix}\int_0^{t_g}\int_0^{s}\frac{F}{m}\cos\varphi_o\cos\psi_o\,\mathrm{d}s\mathrm{d}t\\ \int_0^{t_g}\int_0^{s}\frac{F}{m}\sin\varphi_o\cos\psi_o\,\mathrm{d}s\mathrm{d}t\\ -\int_0^{t_g}\int_0^{s}\frac{F}{m}\sin\psi_o\,\mathrm{d}s\mathrm{d}t\end{bmatrix} \tag{8.2.33}$$

将式(8.2.29)及式$\frac{F}{m}=\frac{I_{sp}}{t_h-t}$代入式(8.2.32),并且考虑在飞行器飞行的每一瞬时时刻,由于 $\overline{\varphi}_o$、$\overline{\psi}_o$ 为当前时刻为满足入轨点速度矢量

的常值矢量，所以在积分的过程中要看成常值。由于位置矢量的调节量 $-K_{\varphi1}+K_{\varphi2}t$、$-K_{\psi1}+K_{\psi2}t$ 是小量，所以在积分的过程中要看成小量。另外，大部分飞行器在弹道的初步设计中，都把偏航角设计为 0°，所以 $\psi_o \approx 0°$。且由前所述 $-K_{\varphi1}+K_{\varphi2}t$、$-K_{\psi1}+K_{\psi2}t$ 是小量。定义函数

$$F_0(t) = \int_0^t \frac{I_{sp}}{t_h - t}\mathrm{d}t = I_{sp}\ln\frac{t_h}{t_h - t} \tag{8.2.34}$$

$$F_1(t) = \int_0^t \frac{I_{sp}}{t_h - t}t\mathrm{d}t = t_h F_0(t) - I_{sp}\cdot t \tag{8.2.35}$$

略去二阶小量后，由式(8.2.32)推导可得

$$\boldsymbol{V}_{\text{thrust}} = \begin{bmatrix} F_0(t_g)\cos\overline{\varphi}_o\cos\overline{\psi}_o + F_0(t_g)K_{\varphi1}\sin\overline{\varphi}_o\cos\overline{\psi}_o \\ -F_1(t_g)K_{\varphi2}\sin\overline{\varphi}_o\cos\overline{\psi}_o \\ F_0(t_g)\sin\overline{\varphi}_o\cos\overline{\psi}_o + F_0(t_g)K_{\varphi1}\cos\overline{\varphi}_o\cos\overline{\psi}_o \\ -F_1(t_g)K_{\varphi2}\cos\overline{\varphi}_o\cos\overline{\psi}_o \\ F_0(t_g)K_{\psi1}\cos\overline{\psi}_o - F_1(t_g)K_{\psi2}\cos\overline{\psi}_o \end{bmatrix} \tag{8.2.36}$$

即为推力一次积分公式。

同理，对于推力的二次积分，定义函数

$$F_2(t) = \int_0^t\int_0^s \frac{I_{sp}}{t_h - t}\mathrm{d}t\mathrm{d}s = F_0(t)\cdot t - F_1(t) \tag{8.2.37}$$

$$F_3(t) = \int_0^t\int_0^s \frac{I_{sp}}{t_h - t}t\mathrm{d}t\mathrm{d}s = F_2(t)\cdot t_h - \frac{t^2 I_{sp}}{2} \tag{8.2.38}$$

可得

$$\boldsymbol{R}_{\text{thrust}} = \begin{bmatrix} F_2(t_g)\cos\overline{\varphi}_o\cos\overline{\psi}_o + F_2(t_g)K_{\varphi1}\sin\overline{\varphi}_o\cos\overline{\psi}_o \\ -F_3(t_g)K_{\varphi2}\sin\overline{\varphi}_o\cos\overline{\psi}_o \\ F_2(t_g)\sin\overline{\varphi}_o\cos\overline{\psi}_o + F_2(t_g)K_{\varphi1}\cos\overline{\varphi}_o\cos\overline{\psi}_o \\ -F_3(t_g)K_{\varphi2}\cos\overline{\varphi}_o\cos\overline{\psi}_o \\ F_2(t_g)K_{\psi1}\cos\overline{\psi}_o - F_3(t_g)K_{\psi2}\cos\overline{\psi}_o \end{bmatrix} \tag{8.2.39}$$

即为推力二次积分公式。

3）重力积分计算

重力积分的计算也类似于推力积分的计算，可以采取解析法或者数值积分法进行计算，当得到最优控制解的简化形式时，可以推出解析式，也可以采用数值积分法来求取。这里给出重力积分的解析形式。

由常值重力模型，在飞行器飞行的每一瞬时时刻，重力加速度为常值，可得重力的一次积分为

$$\boldsymbol{V}_{\text{gravity}} = \begin{bmatrix} g_{ox} t_{\text{g}} \\ g_{oy} t_{\text{g}} \\ g_{oz} t_{\text{g}} \end{bmatrix} \tag{8.2.40}$$

重力的二次积分为

$$\boldsymbol{R}_{\text{gravity}} = \begin{bmatrix} \frac{1}{2} g_{ox} t_{\text{g}}^2 \\ \frac{1}{2} g_{oy} t_{\text{g}}^2 \\ \frac{1}{2} g_{oz} t_{\text{g}}^2 \end{bmatrix} \tag{8.2.41}$$

4）以地心角为终端条件的计算

直观上可以看到，对于确定的飞行任务来说入轨点的速度与位置是固定的，但是对于迭代制导来说只能保证入轨点在入轨点轨道坐标系中的3个速度分量V_{ofx}、V_{ofy}、V_{ofz}和两个位置分量Y_{of}、Z_{of}，迭代制导只能最大可能的满足5个分量，而对于大部分运载飞行器的飞行任务来说，满足半长轴、偏心率、轨道倾角、升交点赤径是其主要指标。下面将入轨点轨道根数约束转化为制导坐标系中的速度和坐标约束，给出如下结论：

（1）为了满足轨道倾角i，升交点赤径Ω，需要保证$Z_{\text{of}}=0$，$V_{\text{ofz}}=0$，其中Z_{of}为入轨点在入轨点轨道坐标系中的Z向的矢径分量，V_{ofz}为入轨点在入轨点轨道坐标系中的Z向的速度分量。

（2）当满足条件（1）时，$Z_{\text{of}}=0$，$V_{\text{ofz}}=0$，和另外一个条件$X_{\text{of}}=0$时，半长轴a、偏心率e与真近点角f关系为

$$Y_{of}=\frac{a(1-e^2)}{1+e\cos f}$$

$$V_{ofx}=\frac{\sqrt{\mu/a(1-e^2)}}{Y_{of}} \tag{8.2.42}$$

$$V_{ofy}=e\sin f\sqrt{\frac{\mu}{a(1-e^2)}}$$

所以当 $Z_{of}=0, V_{ofz}=0, X_{of}=0$ 时，Y_{of}、V_{ofx}、V_{ofy} 三个量可以保证半长轴 a、偏心率 e、真近点角 f 三个量。但是实际过程中，要满足 $X_{of}=0$ 这个条件是困难的。所以这里给出一条假设：当满足三个速度分量 V_{ofx}、V_{ofy}、V_{ofz} 和两个位置分量 Y_{of}、Z_{of} 时，X_{of} 会尽量满足。由于位置分量 X_{of} 并未保证，所以地心角可以看成变化的量，也可以看成常值。当将地心角看成变化的量时，在制导解算中需要对地心角进行预测，下面给出预测地心角的过程。

地心角由两部分组分：一部分是飞行器瞬时时刻在入轨轨道平面投影点的地心角 ϕ_i；另一部分是飞行器瞬时时刻在入轨轨道平面的投影点的矢径与预估的入轨点位置矢径的夹角 ϕ_p。

在升交点轨道坐标系（$\bar{o}$ 系，将该坐标系绕着 Z 轴负向旋转（$\omega+f$）即转动到入轨点轨道坐标系）下 ϕ_i 的计算公式为

$$\phi_i=\arctan\frac{x_{\bar{o}}}{y_{\bar{o}}} \tag{8.2.43}$$

式中：$x_{\bar{o}}$、$y_{\bar{o}}$ 分别为飞行器瞬时在升交点轨道坐标系 X 和 Y 轴向上的位置分量。

从发射惯性坐标系到升交点轨道坐标系的转换关系为

$$\boldsymbol{M}_1=\boldsymbol{M}_Y(i)\cdot\boldsymbol{M}_Z(-\Delta\Omega)\cdot\boldsymbol{M}_Y(-90°)\cdot\boldsymbol{M}_Z(B_0)\cdot\boldsymbol{M}_Y(A_0) \tag{8.2.44}$$

考虑原点为地心，其余各轴与发射惯性坐标系平行的坐标系 S_1，其下标用 $\bar{a}$ 表示，设飞行器瞬时时刻在 S_1 系下的位置矢量 $\boldsymbol{r}_{\bar{a}}=[x_{\bar{a}}\ y_{\bar{a}}\ z_{\bar{a}}]^{\mathrm{T}}$，速度矢量为 $\boldsymbol{v}_{\bar{a}}=[v_{\bar{a}x}\ v_{\bar{a}y}\ v_{\bar{a}z}]^{\mathrm{T}}$，在制导解算的每一个周期，$\boldsymbol{r}_{\bar{a}}$ 和 $\boldsymbol{v}_{\bar{a}}$ 都是已知的，设飞行器瞬时时刻在升交点轨道坐标系 Z 轴向上

的位置分量为 $z_{\bar{o}}$，在升交点轨道坐标系下的速度 $\boldsymbol{v}_{\bar{o}}=[v_{\bar{o}x}\ v_{\bar{o}y}\ v_{\bar{o}z}]^{\mathrm{T}}$，则有

$$\begin{bmatrix} x_{\bar{o}} \\ y_{\bar{o}} \\ z_{\bar{o}} \end{bmatrix}=\boldsymbol{M}_1\begin{bmatrix} x_{\bar{a}} \\ y_{\bar{a}} \\ z_{\bar{a}} \end{bmatrix} \tag{8.2.45}$$

$$\begin{bmatrix} v_{\bar{o}x} \\ v_{\bar{o}y} \\ v_{\bar{o}z} \end{bmatrix}=\boldsymbol{M}_1\begin{bmatrix} v_{\bar{a}x} \\ v_{\bar{a}y} \\ v_{\bar{a}z} \end{bmatrix} \tag{8.2.46}$$

ϕ_{p} 可通过飞行器瞬时点速度矢量在入轨轨道平面上的投影在当地水平面的分量为初速，主发动机推力所产生的加速度矢量在入轨轨道平面上的投影在目标点当地水平面分量为加速度所飞出的航程来近似求取，随着飞行器飞近目标点，它所代表的真实性随着增强。具体来说，设在发射惯性坐标系下飞行器的俯仰角和偏航角分别为 $\varphi_{\bar{a}}$、$\psi_{\bar{a}}$，则发射惯性坐标系下主发动机产生的加速度为

$$\boldsymbol{a}_{\bar{a}}=\frac{F}{m}\begin{bmatrix} \cos\varphi_{\bar{a}}\cos\psi_{\bar{a}} \\ \sin\varphi_{\bar{a}}\cos\psi_{\bar{a}} \\ -\sin\psi_{\bar{a}} \end{bmatrix} \tag{8.2.47}$$

则在升交点轨道坐标系下主发动机产生的加速度为

$$\boldsymbol{a}_{\bar{o}}=\boldsymbol{M}_1\boldsymbol{a}_{\bar{a}} \tag{8.2.48}$$

设 $\boldsymbol{a}_{\bar{o}}$在 X、Y 轴向上的分量分别为 $a_{\bar{o}x}$、$a_{\bar{o}y}$，则轨道面内的耗尽时间为

$$t_{\mathrm{hxy}}=\frac{I_{\mathrm{sp}}}{\sqrt{a_{\bar{o}x}^2+a_{\bar{o}y}^2}} \tag{8.2.49}$$

类似于前面计算推力积分的过程，定义函数

$$F_0(t)_{\bar{o}}=\int_0^t\frac{I_{\mathrm{sp}}}{t_{\mathrm{hxy}}-t}\mathrm{d}t=I_{\mathrm{sp}}\ln\frac{t_{\mathrm{hxy}}}{t_{\mathrm{hxy}}-t} \tag{8.2.50}$$

$$F_1(t)_{\bar{o}}=\int_0^t\frac{I_{\mathrm{sp}}}{t_{\mathrm{hxy}}-t}t\mathrm{d}t=t_{\mathrm{hxy}}F_0(t)_{\bar{o}}-I_{\mathrm{sp}}\cdot t \tag{8.2.51}$$

$$F_2(t)_{\bar{o}} = \int_0^t \int_0^s \frac{I_{sp}}{t_{hxy} - t} dt ds = F_0(t)_{\bar{o}} \cdot t - F_1(t)_{\bar{o}} \tag{8.2.52}$$

设 θ_i、θ_f 分别为瞬时时刻和入轨时刻飞行器相对于当地水平面的弹道倾角，对于入轨来说，可用 $V_{\bar{o}xy} t_g \cos\theta_i + F_2(t_g)_{\bar{o}} \cos\theta_f$ 来近似计算飞行器在入轨轨道平面上的飞行航程（反之，如果是由高轨道到低轨道，主发动机起到减速的作用，则可用 $V_{\bar{o}xy} t_g \cos\theta_i - F_2(t_g)_{\bar{o}} \cos\theta_f$ 来近似航程）其中 $V_{\bar{o}xy} = \sqrt{v_{\bar{o}x}^2 + v_{\bar{o}y}^2}$，$\cos\theta_i = \dfrac{|x_{\bar{o}} v_{\bar{o}y} - y_{\bar{o}} v_{\bar{o}x}|}{V_{\bar{o}xy}\sqrt{x_{\bar{o}}^2 + y_{\bar{o}y}^2}}$。$\theta_f$ 与终端约束有关，在指定入轨点轨道坐标系下的目标点位置和速度矢量约束后，将其转换到升交点轨道坐标系下的位置和速度矢量分别为 $\boldsymbol{r}_{\bar{o}f} = [x_{\bar{o}f} \quad y_{\bar{o}f} \quad z_{\bar{o}f}]^T$ 和 $\boldsymbol{v}_{\bar{o}f} = [v_{\bar{o}fx} \quad v_{\bar{o}fy} \quad v_{\bar{o}fz}]^T$，则 $\cos\theta_f = \dfrac{|x_{\bar{o}f} v_{\bar{o}fy} - y_{\bar{o}f} v_{\bar{o}fx}|}{V_{\bar{o}fxy}\sqrt{x_{\bar{o}f}^2 + y_{\bar{o}fy}^2}}$，其中，$V_{\bar{o}fxy} = \sqrt{v_{\bar{o}fx}^2 + v_{\bar{o}fy}^2}$。

在近似计算飞行器在入轨轨道平面上的飞行航程后，由于在入轨点轨道坐标系下终端位置约束矢量的 Y 轴分量 y_{of} 的量级远大于飞行航程，因此 ϕ_p 的计算公式为

$$\phi_p = \arctan\left(\frac{V_{\bar{o}xy} t_g \cos\theta_i + F_2(t_g)_{\bar{o}} \cos\theta_f}{y_{of}}\right) \approx \frac{V_{\bar{o}xy} t_g \cos\theta_i + F_2(t_g)_{\bar{o}} \cos\theta_f}{y_{of}} \tag{8.2.53}$$

5. 校正过程

在得到预测量的基础上，可以构建约束方程从而求解出制导方程参数 $\overline{\varphi}_o$、$\overline{\psi}_o$、$K_{\varphi1}$、$K_{\varphi2}$、$K_{\psi1}$、$K_{\psi2}$。

首先，在只有速度约束的情况下，所需的速度增量为

$$\Delta \boldsymbol{V} = \boldsymbol{V}_{of} - \boldsymbol{V}_{o0} - \boldsymbol{V}_{gravity} \tag{8.2.54}$$

式中：$\boldsymbol{V}_{of}$ 为入轨点的速度，即期望的入轨速度；$\boldsymbol{V}_{o0}$ 为飞行器当前时刻的速度矢量。

此速度增量即由推力提供，不难理解飞行器发动机的推力方向只

要与 $\Delta\boldsymbol{V}$ 相同,则尽可能的满足速度增量。由几何关系可得

$$\begin{cases}\overline{\varphi}_o = \arctan\dfrac{V_{\mathrm{of}y} - V_{o0y} - g_{oy}t_{\mathrm{g}}}{V_{\mathrm{of}x} - V_{o0x} - g_{ox}t_{\mathrm{g}}}\\ \overline{\psi}_o = -\arcsin\dfrac{V_{\mathrm{of}z} - V_{o0z} - g_{oz}t_{\mathrm{g}}}{\Delta V}\end{cases} \tag{8.2.55}$$

进一步, $-K_{\varphi1}+K_{\varphi2}t$, $-K_{\psi1}+K_{\psi2}t$ 只是为了保证飞行器上面级的入轨的矢径方向,如果去掉 $-K_{\varphi1}+K_{\varphi2}t$、$-K_{\psi1}+K_{\psi2}t$,即

$$\begin{cases}\varphi_o = \overline{\varphi}_o\\ \psi_o = \overline{\psi}_o\end{cases} \tag{8.2.56}$$

将式(8.2.56)代入式(8.2.32),类似于前面的推导过程可得

$$\boldsymbol{V}_{\mathrm{thrust}}(\overline{\varphi}_o,\overline{\psi}_o) = \begin{bmatrix}F_0(t_{\mathrm{g}})\cos\overline{\varphi}_o\cos\overline{\psi}_o\\ F_0(t_{\mathrm{g}})\sin\overline{\varphi}_o\cos\overline{\psi}_o\\ 0\end{bmatrix} \tag{8.2.57}$$

引力积分的形式没有发生变化,即

$$\boldsymbol{V}_{\mathrm{gravity}}(\overline{\varphi}_o,\overline{\psi}_o) = \begin{bmatrix}g_{ox}t_{\mathrm{g}}\\ g_{oy}t_{\mathrm{g}}\\ g_{oz}t_{\mathrm{g}}\end{bmatrix} \tag{8.2.58}$$

首先只考虑式(8.2.56)的形式来求取终端点速度 $\boldsymbol{V}_{\mathrm{of}}$,有下式成立:

$$\boldsymbol{V}_{\mathrm{of}}(\overline{\varphi}_o,\overline{\psi}_o) = \boldsymbol{V}_{\mathrm{thrust}}(\overline{\varphi}_o,\overline{\psi}_o) + \boldsymbol{V}_{\mathrm{gravity}}(\overline{\varphi}_o,\overline{\psi}_o) + \boldsymbol{V}_{o0} \tag{8.2.59}$$

再考虑式(8.2.29)的形式来求取终端点速度 $\boldsymbol{V}_{\mathrm{of}}$,有下式成立:

$$\boldsymbol{V}_{\mathrm{of}} = \boldsymbol{V}_{\mathrm{thrust}} + \boldsymbol{V}_{\mathrm{gravity}} + \boldsymbol{V}_{o0} \tag{8.2.60}$$

由于不希望 $-K_{\varphi1}+K_{\varphi2}t$、$-K_{\psi1}+K_{\psi2}t$ 对入轨的速度产生影响,所以有如下关系式成立:

$$\boldsymbol{V}_{\mathrm{of}} = \boldsymbol{V}_{\mathrm{of}}(\overline{\varphi}_o,\overline{\psi}_o) \tag{8.2.61}$$

即

$$\boldsymbol{V}_{\mathrm{thrust}}(\overline{\varphi}_o,\overline{\psi}_o) + \boldsymbol{V}_{\mathrm{gravity}}(\overline{\varphi}_o,\overline{\psi}_o) + \boldsymbol{V}_{o0} = \boldsymbol{V}_{\mathrm{thrust}} + \boldsymbol{V}_{\mathrm{gravity}} + \boldsymbol{V}_{o0} \tag{8.2.62}$$

又因为

$$\boldsymbol{V}_{\text{gravity}}(\overline{\varphi}_o,\overline{\psi}_o)=\boldsymbol{V}_{\text{gravity}} \tag{8.2.63}$$

所以

$$\boldsymbol{V}_{\text{thrust}}(\overline{\varphi}_o,\overline{\psi}_o)=\boldsymbol{V}_{\text{thrust}} \tag{8.2.64}$$

不考虑 X_{of} 的约束，所以在这里只考虑式（8.2.64）标量形式中的第二式和第三式，另外的约束方程由位置约束给出。由式（8.2.64）标量形式中的第二式可得

$$F_0(t_g)K_{\varphi 1}=F1(t_g)K_{\varphi 2} \tag{8.2.65}$$

由式（8.2.64）标量形式中的第三式可得：

$$F_0(t_g)K_{\psi 1}=F_1(t_g)K_{\psi 2} \tag{8.2.66}$$

由式（8.2.65）可以看到，要想求 $K_{\varphi 1}$、$K_{\varphi 2}$ 还需要另外一个约束方程。同理，要求 $K_{\psi 1}$、$K_{\psi 2}$ 也需要另外一个约束方程。下面给出这两个约束方程的建立过程。

首先求取终端点 $\boldsymbol{R}_{\text{of}}$，对式（8.2.62）积分，可得

$$\boldsymbol{R}_{\text{of}}=\boldsymbol{R}_{\text{thrust}}+\boldsymbol{R}_{\text{gravity}}+\boldsymbol{V}_{o0}\cdot t_g+\boldsymbol{R}_{o0} \tag{8.2.67}$$

将式（8.2.39）及式（8.2.41）代入式（8.2.67），并且只考虑式（8.2.67）标量形式中的第二式和第三式，可得

$$\begin{aligned}Y_{\text{of}}=&F_2(t_g)\sin\overline{\varphi}_o\cos\overline{\psi}_o+F_2(t_g)K_{\varphi 1}\cos\overline{\varphi}_o\cos\overline{\psi}_o\\&-F_3(t_g)K_{\varphi 2}\cos\overline{\varphi}_o\cos\overline{\psi}_o+\frac{1}{2}g_{oy}t_g^2+V_{o0y}\cdot t_g+Y_{o0}\end{aligned} \tag{8.2.68}$$

$$\begin{aligned}Z_{\text{of}}=&F_2(t_g)K_{\psi 1}\cos\overline{\psi}_o-F_3(t_g)K_{\psi 2}\cos\overline{\psi}_o+\frac{1}{2}g_{oz}t_g^2\\&+V_{o0z}\cdot t_g+Z_{o0}\end{aligned} \tag{8.2.69}$$

由式（8.2.65）及式（8.2.68）可得

$$K_{\varphi 1}=\frac{Y_{\text{of}}-F_2(t_g)\sin\overline{\varphi}_o\cos\overline{\psi}_o-\frac{1}{2}g_{oy}t_g^2-V_{o0y}\cdot t_g-Y_{o0}}{\left(F_2(t_g)-\frac{F_3(t_g)F_0(t_g)}{F_1(t_g)}\right)\cos\overline{\varphi}_o\cos\overline{\psi}_o} \tag{8.2.70}$$

$$K_{\varphi 2}=\frac{\left(Y_{of}-F_2(t_g)\sin\bar{\varphi}_o\cos\bar{\psi}_o-\frac{1}{2}g_{oy}t_g^2-V_{o0y}\cdot t_g-Y_{o0}\right)\cdot F_0(t_g)}{(F_2(t_g)F_1(t_g)-F_3(t_g)F_0(t_g))\cos\bar{\varphi}_o\cos\bar{\psi}_o} \tag{8.2.71}$$

由式(8.2.66)及式(8.2.69)可得

$$K_{\psi 1}=\frac{Z_{of}-\frac{1}{2}g_{oz}t_g^2-V_{o0z}\cdot t_g-Z_{o0}}{\left(F_2(t_g)-\frac{F_2(t_g)F_0(t_g)}{F_1(t_g)}\right)\cos\bar{\psi}_o} \tag{8.2.72}$$

$$K_{\psi 2}=\frac{\left(Z_{of}-\frac{1}{2}g_{oz}t_g^2-V_{o0z}\cdot t_g-Z_{o0}\right)\cdot F_0(t_g)}{(F_2(t_g)F_1(t_g)-F_2(t_g)F_0(t_g))\cos\bar{\psi}_o} \tag{8.2.73}$$

迭代制导计算框图如图8.2.7所示。

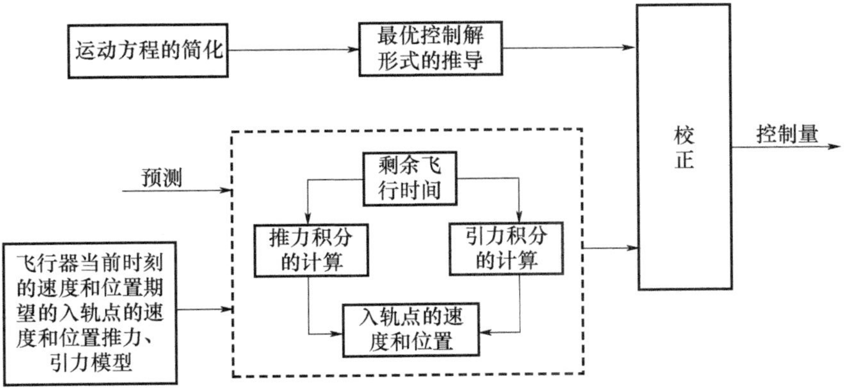

图8.2.7　迭代制导计算框图

与摄动制导相比，迭代制导不需要在发射前计算标准弹道，有利于缩短发射时间，便于飞行器的机动发射或改变攻击目标，有较大的灵活性，通过在飞行器上实时解算弹道方程并重新优化飞行路径，具有较强的自适应性与鲁棒性，而且制导精度高。迭代制导主要的缺点是：设备复杂，在飞行中实时计算量大，对弹上计算机的字长、容量和存储量的要求较高。随着机载计算机容量和运算速度的不断提高，迭代制导方法越来越多地应用于现代航天技术的制导控制中。

8.2.3 新型直接制导技术

正如8.2.2节所介绍的，飞行器的制导本质上可以看作一个最优控制问题。从最优控制原理出发，根据设定的性能指标和终端约束形式，选取合适的哈密顿函数，推导出一组关系式（协态方程、状态方程、控制方程和横截条件），然后对这组方程进行相应的处理，最终获得所需的控制角指令。迭代制导是从简化控制角形式出发对方程进行处理，而随着现代数值求解方法和计算软件的不断成熟，通过将最优控制问题转化为非线性规划问题来直接进行求解，从而获得控制角指令的制导方式，称为新型直接制导方法。

1. 最优控制问题转化为非线性规划问题

一般转化的基本思想是将整个积分变量（通常是时间变量t）分段（均分或者不均分），将原最优控制问题中连续的状态量曲线和控制量曲线用节点上的值进行表示（离散化，例如下面介绍的三阶辛普森配点法，有的转化方法还在节点处离散化协状态变量），通过插值得到节点间的值，就将复杂的最优控制问题转化成参数优化问题。

1）三阶辛普森配点法

对于状态方程$\dot{\boldsymbol{x}}=\boldsymbol{f}(t,\boldsymbol{x},\boldsymbol{u})$，在任意时间区间$[t_0,t_f]$，将该区间分为$N$段，每一个子区间为

$$[t_i,t_{i+1}],i=0,1,2,\cdots,N-1 \tag{8.2.74}$$

令$h_i=t_{i+1}-t_i,s=\dfrac{t-t_i}{h_i},t\in[t_i,t_{i+1}],s\in[0,1]$，用三次Hermite多项式表示在该子时间区间内的任意一个状态量

$$\boldsymbol{x}=C_0+C_1S+C_2S^2+C_3S^3 \tag{8.2.75}$$

边界条件为

$$\boldsymbol{x}_1=\boldsymbol{x}(0),\boldsymbol{x}_2=\boldsymbol{x}(1),\dot{\boldsymbol{x}}_1=\left.\frac{\mathrm{d}\boldsymbol{x}}{\mathrm{d}s}\right|_{s=0},\dot{\boldsymbol{x}}_2=\left.\frac{\mathrm{d}\boldsymbol{x}}{\mathrm{d}s}\right|_{s=1} \tag{8.2.76}$$

求解可得

$$\begin{bmatrix} C_0 \\ C_1 \\ C_2 \\ C_3 \end{bmatrix} = \begin{bmatrix} 1 & 0 & 0 & 0 \\ 0 & 1 & 0 & 0 \\ -3 & -2 & 3 & -1 \\ 2 & 1 & -2 & 1 \end{bmatrix} \begin{bmatrix} \boldsymbol{x}_1 \\ \dot{\boldsymbol{x}}_1 \\ \boldsymbol{x}_2 \\ \dot{\boldsymbol{x}}_2 \end{bmatrix} \tag{8.2.77}$$

取子区间的中点 $S=0.5$，将式(8.2.77)代入式(8.2.75)，可得

$$\begin{aligned} \boldsymbol{x}_{c_i} &= \frac{\boldsymbol{x}_i + \boldsymbol{x}_{i+1}}{2} + \frac{1}{8}h_i(\boldsymbol{f}_i - \boldsymbol{f}_{i+1}) \\ \dot{\boldsymbol{x}}_{c_i} &= -3\frac{\boldsymbol{x}_i - \boldsymbol{x}_{i+1}}{2h_i} - \frac{1}{4}(\boldsymbol{f}_i + \boldsymbol{f}_{i+1}) \end{aligned} \tag{8.2.78}$$

三阶辛普森方法将每个节点处的状态量和控制量以及配点处的控制量作为优化的决策变量，配点选取为子区间的中点，即

$$\boldsymbol{Z} = [\boldsymbol{x}_0^{\mathrm{T}} \quad \boldsymbol{u}_{c0}^{\mathrm{T}} \quad \boldsymbol{u}_0^{\mathrm{T}} \quad \cdots \quad \boldsymbol{x}_N^{\mathrm{T}} \quad \boldsymbol{u}_{c_N}^{\mathrm{T}} \quad \boldsymbol{u}_N^{\mathrm{T}}] \tag{8.2.79}$$

因此共有$(N+1)(n+m)+m\times N$个决策变量，n为每个节点状态量个数，m是每个节点或者配点处的控制量个数。

三阶辛普森方法要求通过估计得到的配点处导数值，即式(8.2.75)必须和式(8.2.78)代入状态方程得到的配点处的导数值相等，这样才能保证很好地拟合最优状态量的变化，于是有

$$\Delta = \boldsymbol{f}_{c_i} + 3\frac{\boldsymbol{x}_i - \boldsymbol{x}_{i+1}}{2h_i} + \frac{1}{4}(\boldsymbol{f}_i + \boldsymbol{f}_{i+1}) = \boldsymbol{0} \tag{8.2.80}$$

式(8.2.80)称为 Hermite – Simpson – Defect 矢量。这些矢量构成了系统的非线性等式约束。

此时，最优控制问题就转化为带约束的非线性规划问题，后续的工作是利用非线性规划算法，搜索如决策变量的最优值，使 Defect 矢量趋近于 **0**，并且满足系统的控制量约束和终端约束。

2）轨道优化问题的重新描述

通过三阶辛普森配点法可以将最优控制问题转化成为具有等式和不等式约束的非线性规划问题，即

$$\begin{cases} \min J(\boldsymbol{X}) \quad \boldsymbol{X} \in \mathbf{R}^n \\ \text{s.t}\ g_i(\boldsymbol{X}) \geqslant 0, \quad i = 1,2,\cdots,m \\ \quad h_j(\boldsymbol{X}) = 0, \quad j = 1,2,\cdots,l \end{cases} \tag{8.2.81}$$

式中:$J(\boldsymbol{X})$为性能指标;$g_i(\boldsymbol{X})$为不等式约束;$h_j(\boldsymbol{X})$为包括式(8.2.80)和终端约束在内的等式约束。

2. 非线性规划问题的求解

1)无约束化处理

通过使用离散化方法处理连续的最优控制模型后,转化后得到的参数优化问题是一个如式(8.2.81)所示的受约束非线性规划问题,由于存在非线性约束,不能简单地用消元法将上述约束问题转化成无约束非线性问题。一般方法是:构造一个同时考虑目标函数下降和满足约束条件的辅助函数,将约束问题转化成极小化辅助函数的无约束问题。这里介绍采用增广拉格朗日乘子法求解得到的非线性规划问题。

对于既含有不等式约束又含等式约束的一般最优化极小问题,可定义乘子罚函数:

$$L(\boldsymbol{x},\sigma_k,\boldsymbol{v}_k,\boldsymbol{\mu}_k) = f(\boldsymbol{x}) + \frac{1}{2\sigma_k}\sum_{i=1}^{m}\{[\max(0,(v_i^{(k)} - \sigma_k g_i(\boldsymbol{x})))]^2 - (v_i^{(k)})^2\} + \frac{\sigma_k}{2}\sum_{i=1}^{l} h_i^2(\boldsymbol{x}) + \sum_{i=1}^{l}\mu_i^{(k)} h_i(\boldsymbol{x}) \tag{8.2.82}$$

式中:$\boldsymbol{v}$、$\boldsymbol{\mu}$ 分别为不等式约束和等式约束的乘子矢量;σ 为惩罚因子。

增广拉格朗日乘子法求解带约束的非线性规划问题的步骤如下:

(1)给定初始点 $\boldsymbol{x}^{(0)}$、等式约束乘子矢量 $\boldsymbol{\mu}^{(1)}$、不等式约束乘子矢量 $\boldsymbol{v}^{(1)}$、惩罚因子 σ、允许误差 ξ,常数 $\alpha > 1$,$\beta \in (0,1)$,置 $k = 1$。

(2)以$\boldsymbol{x}^{(k-1)}$为初始点,求解无约束参数优化问题 $\min L(\boldsymbol{x},\boldsymbol{\sigma}_k,\boldsymbol{v}_k,\boldsymbol{\mu}_k)$,得到 $\boldsymbol{x}^{(k)}$。

(3)若 $\| h(\boldsymbol{x}^{(k)}) \| < \xi$,则停止计算,得到最优解 $\boldsymbol{x}^{(k)}$,否则进行步骤(4)。

(4) 若$\frac{\| h(\boldsymbol{x}^{(k)}) \|}{\| h(\boldsymbol{x}^{(k-1)}) \|} \geqslant \beta$,置 $\sigma = \alpha\sigma$,转步(5);否则,直接进行步骤(5)。

(5) 采用下式修正不等式约束乘子矢量和等式约束乘子矢量,置 $k = k+1$,转步骤(2)。

$$\begin{aligned} \boldsymbol{v}_i^{(k+1)} &= \max(0, \boldsymbol{v}_i^{(k)} - \sigma g_i(\boldsymbol{x}^{(k)})) \\ \boldsymbol{\mu}_j^{(k+1)} &= \boldsymbol{\mu}_j^{(k)} - \sigma h_j(\boldsymbol{x}^{(k)}) \end{aligned} \tag{8.2.83}$$

2) 求解无约束参数优化问题

通过增广拉格朗日乘子法可以将约束参数优化问题转化成无约束参数优化问题,目前求解无约束参数优化问题有很多成熟的算法。下面介绍一种组合变尺度算法,具体步骤如下:

(1) 给定初始点 $\boldsymbol{x}^{(0)}$,迭代最大步数 N,梯度矩阵范数允许上限 ε。

(2) 置 $\boldsymbol{H}_1 = \boldsymbol{I}_n$,计算在 $\boldsymbol{x}^{(0)}$ 处的梯度矩阵 $\boldsymbol{g} = \nabla f(\boldsymbol{x}^{(0)})$,置 $k = 1$。

(3) 如果满足 $|\nabla f(\boldsymbol{x}^{(0)})| < \varepsilon$,则停止计算,$\boldsymbol{x}^{(0)}$ 就是极值点;不满足,则进行步骤(4)。

(4) 计算 $\boldsymbol{r} = -\boldsymbol{Hg}$,求解 $\lambda^* = \arg \min\limits_{\lambda} f(\boldsymbol{x} + \lambda \boldsymbol{r})$,得到最优步长 λ^*,令 $\boldsymbol{e} = \boldsymbol{x} + \lambda^* \boldsymbol{r}$ 并且计算 $\boldsymbol{x} = \boldsymbol{x} + \boldsymbol{e}$,计算 $\boldsymbol{g}_1 = \nabla f(\boldsymbol{x})$,$\boldsymbol{y} = \boldsymbol{g}_1 - \boldsymbol{g}$,置 $k = k+1$。

(5) 计算梯度 $\boldsymbol{g} = \nabla f(\boldsymbol{x})$,如果满足 $|\nabla f(\boldsymbol{x})| < \varepsilon$,则停止计算,得到极值点;若不满足此条件,转步骤(6)。

(6) 如果满足 $k = N$,则令 $\boldsymbol{x}^{(0)} = \boldsymbol{x}^{(k+1)}$,转步骤(2);若不满足,转步骤(7)。

(7) 计算 $\boldsymbol{d} = \boldsymbol{Hy}$,$a = \boldsymbol{y}^{\mathrm{T}}\boldsymbol{d}$,$b = \boldsymbol{e}^{\mathrm{T}}\boldsymbol{y}$。

(8) 如果满足 $b \geqslant a$,计算

$$\boldsymbol{H} = \boldsymbol{H} + \frac{1}{b}\left[\left(1 + \frac{a}{b}\right)\boldsymbol{e}\boldsymbol{e}^{\mathrm{T}} - \boldsymbol{e}\boldsymbol{d}^{\mathrm{T}} - \boldsymbol{d}\boldsymbol{e}^{\mathrm{T}}\right]$$

若不满足此条件,计算

$$\boldsymbol{H} = \boldsymbol{H} - \frac{1}{a}\boldsymbol{d}\boldsymbol{d}^{\mathrm{T}} + \frac{1}{b}\boldsymbol{e}\boldsymbol{e}^{\mathrm{T}}$$

然后令 $\boldsymbol{g}=\boldsymbol{g}_1$，转步骤(4)。

8.3 转移轨道中途修正技术

8.3.1 中途修正概述

飞行器在转移轨道飞行过程中，理论上只要根据转移轨道初始点和目标点的信息，计算并产生转移所需速度增量，就可以完成轨道转移。但是由于存在非球形地球引力、日月引力等因素的影响，同时飞行器存在导航误差和发动机推力偏差等问题，使得实际的转移轨道与理想轨道之间存在误差，因此为保证飞行器最终的入轨精度，进行中途修正是十分必要的。中途修正主要是为了修正摄动因素等引起的轨道偏差，设法将实际的转移轨道修回到标称转移轨道上，主要包括设计阶段和实施阶段两方面。在设计阶段，通常假定用于中途修正的发动机能产生理想的速度脉冲，进而设计修正点；在实施阶段，通常利用包括姿控发动机在内的小发动机来近似实现所需的速度脉冲。

在设计阶段，一般需要计算出两个修正点，如图 8.3.1 所示，在实际和标称转移轨道上各取一个合适的点，分别为 P_1 和 P_2，然后设计一条通过这两个点的轨道，将该轨道作为连接实际和标称转移轨道的一个中间过渡轨道。飞行器从实际转移轨道开始自由滑行至 P_1 点时施加速度脉冲，此后进入过渡轨道并继续自由滑行，当滑行至 P_2 点时再次施加速度脉冲，从而进入标称轨道。可以看出，从实际转移轨道到达标称转移轨道的过程中实施了两次修正。

两次中途修正方法首先需要确定实际转移轨道上的 P_1 点和标称转移轨道上的 P_2 点，一旦确定这两个点，剩下的关键在于设计一条通过 P_1 点和 P_2 点的过渡轨道。当过渡轨道确定好以后，其在 P_1 点和 P_2 点的速度也随之确定，设其分别为 $\boldsymbol{v}_1$ 和 $\boldsymbol{v}_2$，设实际转移轨道在 P_1 点的速度为 $\boldsymbol{v}_{P_1}(t_1)$，标称转移轨道在 P_2 点的速度为 $\boldsymbol{v}_{P_2}(t_2)$，则在理想速度脉冲模型的假设下，飞行器在 P_1 点施加速度脉冲 $\Delta\boldsymbol{v}_1=\boldsymbol{v}_1-\boldsymbol{v}_{P_1}(t_1)$，可从实际转移轨道进入过渡轨道，此后飞行器滑行至 P_2 点施加速度脉冲 $\Delta \boldsymbol{v}_2 = \boldsymbol{v}_{P_2}(t_2) - \boldsymbol{v}_2$，可从过渡轨道进入标称转移轨道。一旦飞行器进入标称转移轨道，后续的变轨任务则可以直接按照标称轨道的流程进行。

修正点 P_1 和 P_2 的确定需要一个迭代计算过程，具体来说，给定 P_1 和 P_2 点的初值，通过求解 Lambert 问题（给定空间两点相对引力中心的位置矢量与转移时间，确定通过这两点的转移轨道）来计算修正所需的速度脉冲，再根据速度脉冲幅值大小返回修改 P_1 和 P_2 点，直到满足要求，如图 8.3.2 所示，图中 ε 为预定的速度脉冲幅值上限。

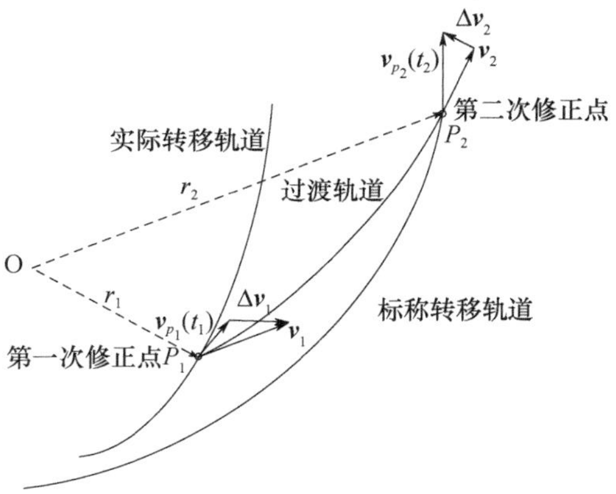

图 8.3.1　两次中途修正示意图

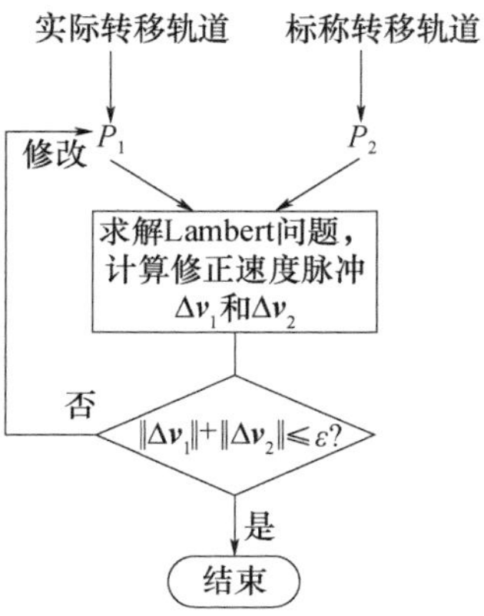

图 8.3.2　确定 P_1 和 P_2 点示意图

8.3.2　中途修正策略

本节主要介绍基于求解 Lambert 问题的两次中途修正方案，关于 Lambert 问题的具体求解可参考相关文献。

从图 8.3.1 可以看出，中途修正的起始点和目标点选择不是固定的，只需要起始点在实际转移轨道上，目标点在标称转移轨道上，并且目标点离下一次轨道机动有足够的距离即可。因此，下一步考虑的是如何选择起始点和目标点，使得实施中途修正花费的代价尽可能小，即速度脉冲的幅值尽可能小。

由于实际和标称转移轨道起始点的位置与速度数据已知,因此若知道所经过的时间 t_1 和 t_2,由数值积分或者轨道根数摄动解就可确定始末端的位置矢量,即起始点和目标点位置矢量。由此可见,始末端的时间是可变的自由参数。对于中途修正来说,应在满足修正精度的前提下尽量节省能量,即速度脉冲的大小,因此一般选取修正所需的速度脉冲作为性能指标。下面利用状态转移矩阵和古典变分原理分别给出性能指标相对于始末端点施加速度脉冲时刻的偏导数表达式。

假设 $\boldsymbol{X}(t)$ 是对应与某段轨道的状态轨线,定义 $\boldsymbol{M}=\boldsymbol{X}(t_1)$ 和 $\boldsymbol{N}=\boldsymbol{X}(t_2)$,这样 $\boldsymbol{M}$、$\boldsymbol{N}$ 的值就与状态轨线 $\boldsymbol{X}(t)$ 的选取有关,即 $\boldsymbol{M}$、$\boldsymbol{N}$ 都是关于 $\boldsymbol{X}(t)$ 的泛函,而 $\boldsymbol{X}(t)$ 为 $\boldsymbol{M}$、$\boldsymbol{N}$ 的宗量。假设状态轨线有了微小改变,即 $\boldsymbol{X}(t)+\delta\boldsymbol{X}(t)$,那么泛函 $\boldsymbol{M}$、$\boldsymbol{N}$ 也会随之改变。定义 $\delta\boldsymbol{X}_1$、$\delta\boldsymbol{X}_2$ 分别为 $\boldsymbol{M}$、$\boldsymbol{N}$ 的变分,则状态轨线如图 8.3.3 所示。

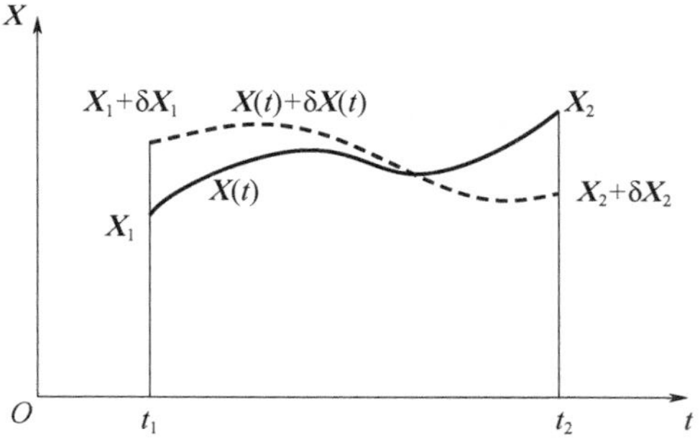

图 8.3.3　等时变分示意图

由状态转移矩阵可以描述 $\boldsymbol{M}$、$\boldsymbol{N}$ 的变分关系。二体问题中的状态转移矩阵存在解析表达式,而多体问题中轨道的轨道状态转移矩阵可以通过数值方法求得。由状态矩阵的性质可得

$$\begin{cases}\delta\boldsymbol{r}_2=\boldsymbol{\Phi}_{\mathrm{rr}}\delta\boldsymbol{r}_1+\boldsymbol{\Phi}_{\mathrm{rv}}\delta\boldsymbol{v}_1\\ \delta\boldsymbol{v}_2=\boldsymbol{\Phi}_{\mathrm{vr}}\delta\boldsymbol{r}_1+\boldsymbol{\Phi}_{\mathrm{vv}}\delta\boldsymbol{v}_1\end{cases}\tag{8.3.1}$$

式中:$\boldsymbol{\Phi}_{\mathrm{rr}}$、$\boldsymbol{\Phi}_{\mathrm{rv}}$、$\boldsymbol{\Phi}_{\mathrm{vr}}$、$\boldsymbol{\Phi}_{\mathrm{vv}}$ 为状态转移矩阵,分别对应于 $\delta\boldsymbol{r}$、$\delta\boldsymbol{v}$ 的四个部分。

式(8.3.1)描绘了初始状态的微小改变对终止状态的影响。通过式(8.3.1)可以求出 $\delta\boldsymbol{v}_1$ 和 $\delta\boldsymbol{v}_2$：

$$\begin{cases}\delta\boldsymbol{v}_1=\boldsymbol{F}\delta\boldsymbol{r}_1+\boldsymbol{E}\delta\boldsymbol{r}_2\\\delta\boldsymbol{v}_2=\boldsymbol{H}\delta\boldsymbol{r}_1+\boldsymbol{G}\delta\boldsymbol{r}_2\end{cases}\tag{8.3.2}$$

式中

$$\boldsymbol{E}=\boldsymbol{\Phi}_{\mathrm{rv}}^{-1},\boldsymbol{F}=-\boldsymbol{\Phi}_{\mathrm{rv}}^{-1}\boldsymbol{\Phi}_{\mathrm{rr}},\boldsymbol{G}=\boldsymbol{\Phi}_{\mathrm{vv}}\boldsymbol{\Phi}_{\mathrm{rv}}^{-1},\boldsymbol{H}=\boldsymbol{\Phi}_{\mathrm{vr}}-\boldsymbol{\Phi}_{\mathrm{vv}}\boldsymbol{\Phi}_{\mathrm{rv}}^{-1}\boldsymbol{\Phi}_{\mathrm{rr}}$$

以上结论都是在等时变分的基础上推出的，即始终满足 $\delta t=0$。由于优化过程中两次施加脉冲的时刻是自由可调参数，所以下面分析可动边界变分的条件。为了能清楚地表示等时边分与可动边界变分的区别，将式(8.3.2)改写为

$$\begin{cases}\delta\boldsymbol{v}_1\big|_{t=t_1}=\boldsymbol{F}\delta\boldsymbol{r}_1\big|_{t=t_1}+\boldsymbol{E}\delta\boldsymbol{r}_1\big|_{t=t_2}\\\delta\boldsymbol{v}_2\big|_{t=t_2}=\boldsymbol{H}\delta\boldsymbol{r}_1\big|_{t=t_1}+\boldsymbol{G}\delta\boldsymbol{r}_1\big|_{t=t_2}\end{cases}\tag{8.3.3}$$

下面将对可动边界变分进行分析，如果时间端点 t_1 不再固定，而是产生了一个微小的改变 δt_1，那么状态轨线的变化如图 8.3.4 所示。

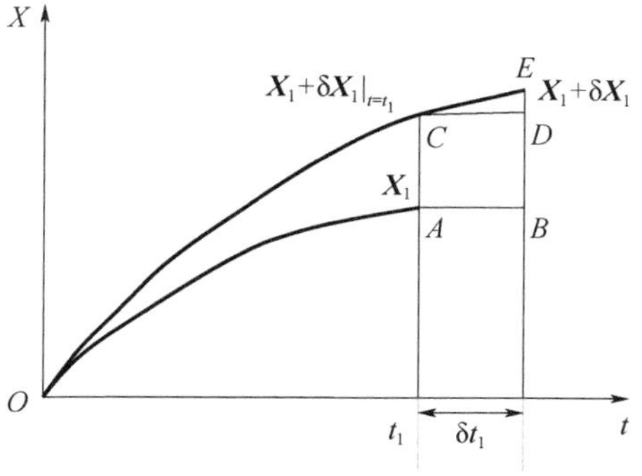

图 8.3.4 可动边界变分示意图

图 8.3.4 中的 AC 段对应等时变分 $\delta\boldsymbol{X}_1\big|_{t=t_1}$，而 BE 段对应可动边界变分 $\delta\boldsymbol{X}_1$。若边界 δt_1 变动很小，则可以导出下近似关系：

$$\delta\boldsymbol{X}_1\approx\delta\boldsymbol{X}_1\big|_{t=t_1}+\frac{\mathrm{d}\boldsymbol{X}}{\mathrm{d}t}\Big|_{t=t_1}\delta t_1\tag{8.3.4}$$

由式(8.3.4)可推导出飞行器状态变量 $\boldsymbol{r}$、$\boldsymbol{v}$ 的可动边界变分与等时变分在两端点时刻 t_1、t_2 上的关系为

$$\begin{cases}\delta\boldsymbol{r}_1=\delta\boldsymbol{r}_1\big|_{t=t_1}+\boldsymbol{v}_1\delta t_1\\ \delta\boldsymbol{r}_2=\delta\boldsymbol{r}_2\big|_{t=t_2}+\boldsymbol{v}_2\delta t_2\end{cases}\tag{8.3.5}$$

式中:$\boldsymbol{v}_1$、$\boldsymbol{v}_2$ 为对应 t_1、t_2 时刻飞行器的速度,速度的变分可表示为

$$\begin{cases}\delta\boldsymbol{v}_1=\delta\boldsymbol{v}_1\big|_{t=t_1}+\boldsymbol{a}_1\delta t_1\\ \delta\boldsymbol{v}_2=\delta\boldsymbol{v}_2\big|_{t=t_2}+\boldsymbol{a}_2\delta t_2\end{cases}\tag{8.3.6}$$

其中:$\boldsymbol{a}_1$、$\boldsymbol{a}_2$ 为对应 t_1、t_2 时刻飞行器的加速度。

由式(8.3.4)~式(8.3.6)可以求得在边界扰动情况下两端点速度变分的表达式为

$$\begin{cases}\delta\boldsymbol{v}_1\big|_{t=t_1}=\boldsymbol{F}(\delta\boldsymbol{r}_1-\boldsymbol{v}_1\delta t_1)+\boldsymbol{a}_1\delta t_1+\boldsymbol{E}(\delta\boldsymbol{r}_2-\boldsymbol{v}_2\delta t_2)\\ \delta\boldsymbol{v}_2\big|_{t=t_2}=\boldsymbol{H}(\delta\boldsymbol{r}_1-\boldsymbol{v}_1\delta t_1)+\boldsymbol{a}_2\delta t_2+\boldsymbol{G}(\delta\boldsymbol{r}_2-\boldsymbol{v}_2\delta t_2)\end{cases}\tag{8.3.7}$$

在分析转移轨道中途修正问题时,可将实际转移轨道和标称转移轨道上的点看作空间中两个按照各自星历运动的质点。$\boldsymbol{r}_1$、$\boldsymbol{r}_2$ 应满足

$$\begin{cases}\boldsymbol{r}_1(t)=\boldsymbol{\psi}_1(t)\\ \boldsymbol{r}_2(t)=\boldsymbol{\psi}_2(t)\end{cases}\tag{8.3.8}$$

式中:$\boldsymbol{\psi}_1$ 为实际转移轨道的星历;$\boldsymbol{\psi}_2$ 为标称转移轨道的星历。两端点都受到星历约束的状态轨线如图 8.3.5 所示。

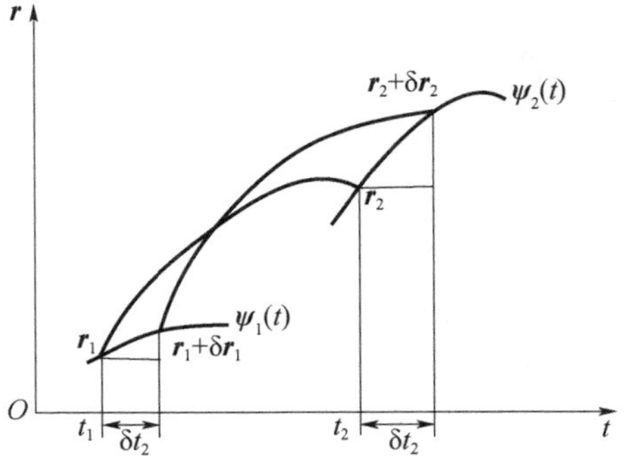

图 8.3.5 两端均受星历约束的状态轨线

由图 8.3.5 可知，$\boldsymbol{r}_1$ 和 $\boldsymbol{r}_2$ 应分别满足

$$\begin{cases}\delta\boldsymbol{r}_1\approx\dfrac{\mathrm{d}\boldsymbol{\psi}_1(t)}{\mathrm{d}t}\Big|_{t=t_1}\delta t_1\\[2ex]\delta\boldsymbol{r}_2\approx\dfrac{\mathrm{d}\boldsymbol{\psi}_2(t)}{\mathrm{d}t}\Big|_{t=t_2}\delta t_2\end{cases}\tag{8.3.9}$$

式中：$\dfrac{\mathrm{d}\boldsymbol{\psi}_1(t)}{\mathrm{d}t}\Big|_{t=t_1}$、$\dfrac{\mathrm{d}\boldsymbol{\psi}_2(t)}{\mathrm{d}t}\Big|_{t=t_2}$分别为实际轨道在 t_1 时刻的速度 $\boldsymbol{v}_{P_1}(t_1)$ 和标称轨道在 t_2 时刻的速度 $\boldsymbol{v}_{P_2}(t_2)$。

于是，式(8.3.9)可记为

$$\begin{cases}\delta\boldsymbol{r}_1\approx\boldsymbol{v}_{P_1}(t_1)\delta t_1\\\delta\boldsymbol{r}_2\approx\boldsymbol{v}_{P_2}(t_2)\delta t_2\end{cases}\tag{8.3.10}$$

将式(8.3.10)代入式(8.3.2)，可得

$$\begin{cases}\delta\boldsymbol{v}_1=[\boldsymbol{F}(\boldsymbol{v}_{P_1}(t_1)-\boldsymbol{v}_1)+\boldsymbol{a}_1]\delta t_1+\boldsymbol{E}(\boldsymbol{v}_{P_2}(t_2)-\boldsymbol{v}_2)\delta t_2\\\delta\boldsymbol{v}_2=\boldsymbol{H}(\boldsymbol{v}_{P_1}(t_1)-\boldsymbol{v}_1)\delta t_1+[\boldsymbol{a}_2+\boldsymbol{G}(\boldsymbol{v}_{P_2}(t_2)-\boldsymbol{v}_2)]\delta t_2\end{cases}\tag{8.3.11}$$

由式(8.3.11)可以推导出速度对时间的偏导数为

$$\begin{cases}\dfrac{\partial\boldsymbol{v}_1}{\partial t_1}=\boldsymbol{F}(\boldsymbol{v}_{P_1}(t_1)-\boldsymbol{v}_1)+\boldsymbol{a}_1\\[2ex]\dfrac{\partial\boldsymbol{v}_1}{\partial t_2}=\boldsymbol{E}(\boldsymbol{v}_{P_2}(t_2)-v_2)\\[2ex]\dfrac{\partial\boldsymbol{v}_2}{\partial t_1}=\boldsymbol{H}(\boldsymbol{v}_{P_1}(t_1)-\boldsymbol{v}_1)\\[2ex]\dfrac{\partial\boldsymbol{v}_2}{\partial t_2}=\boldsymbol{a}_2+\boldsymbol{G}(\boldsymbol{v}_{P_2}(t_2)-\boldsymbol{v}_2)\end{cases}\tag{8.3.12}$$

通常情况下，从实际轨道飞向标称轨道的两脉冲修正的性能指标可表示为

$$J=\sqrt{\|\boldsymbol{v}_1-\boldsymbol{v}_{P_1}(t_1)\|^2}+\sqrt{\|\boldsymbol{v}_2-\boldsymbol{v}_{P_2}(t_2)\|^2}\tag{8.3.13}$$

为便于考察性能指标对 t_1 和 t_2 时刻的偏导数，可选取性能指标为

$$J_1 = J^2 = [\boldsymbol{v}_1 - \boldsymbol{v}_{P_1}(t_1)]^{\mathrm{T}}[\boldsymbol{v}_1 - \boldsymbol{v}_{P_1}(t_1)] + [\boldsymbol{v}_2 - \boldsymbol{v}_{P_2}(t_2)]^{\mathrm{T}}[\boldsymbol{v}_2 - \boldsymbol{v}_{P_2}(t_2)] \tag{8.3.14}$$

则总的速度增量对修正起始时刻的偏导数为

$$\frac{\partial J_1}{\partial t_1} = \frac{\partial J_1}{\partial \boldsymbol{v}_1}\frac{\partial \boldsymbol{v}_1}{\partial t_1} + \frac{\partial J_1}{\partial \boldsymbol{v}_{P_1}(t_1)}\frac{\partial \boldsymbol{v}_{P_1}(t_1)}{\partial t_1} + \frac{\partial J_1}{\partial \boldsymbol{v}_2}\frac{\partial \boldsymbol{v}_2}{\partial t_1} + \frac{\partial J_1}{\partial \boldsymbol{v}_{P_2}(t_2)}\frac{\partial \boldsymbol{v}_{P_2}(t_2)}{\partial t_1} \tag{8.3.15}$$

将式(8.3.12)中各偏导数代入式(8.3.15),可得

$$\frac{\partial J_1}{\partial t_1} = 2[\boldsymbol{v}_1 - \boldsymbol{v}_{P_1}(t_1)]^{\mathrm{T}}\boldsymbol{F}(\boldsymbol{v}_{P_1}(t_1) - \boldsymbol{v}_1) + 2[\boldsymbol{v}_2 - \boldsymbol{v}_{P_2}(t_2)]^{\mathrm{T}}\boldsymbol{H}(\boldsymbol{v}_{P_1}(t_1) - \boldsymbol{v}_1) \tag{8.3.16}$$

$$\frac{\partial J_1}{\partial t_2} = 2[\boldsymbol{v}_1 - \boldsymbol{v}_{P_1}(t_1)]^{\mathrm{T}}\boldsymbol{E}(\boldsymbol{v}_{P_2}(t_2) - \boldsymbol{v}_2) + 2[\boldsymbol{v}_2 - \boldsymbol{v}_{P_2}(t_2)]^{\mathrm{T}}\boldsymbol{G}(\boldsymbol{v}_{P_2}(t_2) - \boldsymbol{v}_2) \tag{8.3.17}$$

利用这两个导数信息并采用牛顿迭代法可求解端点时间自由的最优两脉冲转移轨道中途修正问题。求解步骤如下:

(1) 已知初始出发和到达时刻 t_1、t_2,利用轨道预报的相关算法可计算得到实际轨道和标称轨道的位置 $\boldsymbol{r}_1$、$\boldsymbol{r}_2$ 和速度 $\boldsymbol{v}_{P_1}(t_1)$、$\boldsymbol{v}_{P_2}(t_2)$。

(2) 求解相应的 Lambert 问题,可以得到初始和末端时刻飞行器对应的速度 $\boldsymbol{v}_1$、$\boldsymbol{v}_2$。

(3) 求解该段轨道的状态转移矩阵,并可以求得 $\boldsymbol{E}$、$\boldsymbol{F}$、$\boldsymbol{G}$、$\boldsymbol{H}$。

(4) 由式(8.3.16)和式(8.3.17)求解出目标函数对初始时刻和末端时刻的偏导数。

(5) 采用牛顿迭代法对初始时刻和末端时刻进行修正,并重复步骤(1)~(5)直到达到要求精度结束。

在步骤(5)中利用牛顿迭代法对初始时刻 t_1 和末端时刻 t_2 进行修正时,本质上相当于求解方程组$\frac{\partial J_1}{\partial t_1} = \frac{\partial J_1}{\partial t_2} = 0$,令 $f_1 = \frac{\partial J_1}{\partial t_1}$,$f_2 = \frac{\partial J_1}{\partial t_2}$,则迭代计算需要获得四个偏导数$\frac{\partial f_1}{\partial t_1}$、$\frac{\partial f_1}{\partial t_2}$、$\frac{\partial f_2}{\partial t_1}$、$\frac{\partial f_2}{\partial t_2}$,由式(8.3.16)和式(8.3.17)

虽然得到了 f_1、f_2 的解析表达式，但具体分析表达式的形式可知对 f_1、f_2 求偏导的计算过程中需要分析状态转移矩阵的偏导数性质，推导将会过于繁琐，因此实际计算时可利用差商法来近似计算 $\frac{\partial f_1}{\partial t_1}$、$\frac{\partial f_1}{\partial t_2}$、$\frac{\partial f_2}{\partial t_1}$、$\frac{\partial f_2}{\partial t_2}$ 这四个偏导数的值，这样并不会影响迭代计算的速度和效果。例如 $\frac{\partial f_1}{\partial t_1} \approx \frac{f_1(t_1+\Delta t_1, t_2)-f_1(t_1, t_2)}{\Delta t_1}$，$\Delta t_1$ 可取一足够小的正数。此外，在求解过程中可设置迭代次数上界，以避免迭代计算步数过多的情况。

8.3.3 关于中途修正实际执行的说明

8.3.1 节和 8.3.2 节介绍了基于求解 Lambert 问题来获得两次修正速度脉冲的方案，并且通过可动边界变分和飞行时间进一步调整使得脉冲修正的幅值尽量减小，最终获得优化后的修正速度脉冲。

在获得两次修正的速度脉冲 $\Delta \boldsymbol{v}_1$ 和 $\Delta \boldsymbol{v}_2$ 后，下一步就是利用小发动机来近似实现所需的速度脉冲，如图 8.3.6 所示。

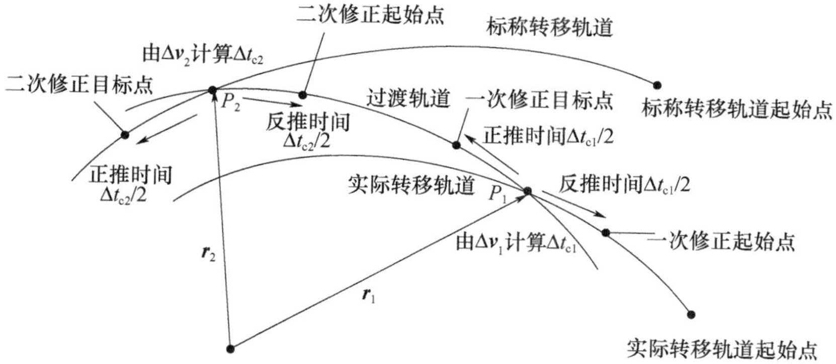

图 8.3.6　两次修正起始点和目标点的计算

首先根据

$$\Delta t = \frac{m_0 I_{sp}}{F}\left[1-\exp\left(-\frac{\|\Delta \boldsymbol{v}\|}{I_{sp}}\right)\right] \tag{8.3.18}$$

利用 $\Delta\boldsymbol{v}_1$、$\Delta\boldsymbol{v}_2$ 计算发动机两次开机的时间 Δt_{c1}、Δt_{c2}，其中推力 F 和比冲 I_{sp}分别为小发动机的推力和比冲。将实际转移轨道在 $t_1-\Delta t_{c1}/2$ 时刻的位置和速度作为一次修正开机点（起始点），将过渡轨道在 $t_1+\Delta t_{c1}/2$ 时刻的位置和速度作为一次修正关机点（目标点），推力方向始终沿着 $\Delta\boldsymbol{v}_1$；将过渡轨道在 $t_2-\Delta t_{c2}/2$ 时刻的位置和速度作为二次修正开机点（起始点），将标称转移轨道在 $t_2+\Delta t_{c2}/2$ 时刻的位置和速度作为二次修正关机点（目标点），推力方向始终沿着 $\Delta\boldsymbol{v}_2$。当飞行器到达修正起始点时小发动机开始点火修正，持续点火时间分别为 Δt_{c1} 和 Δt_{c2}。

8.4 仿真结果分析

发射点数据和地球参考椭球模型数据与第 5 章相同。飞行器的在制导和中途修正仿真中的起始质量均为 8680.5548kg，主发动机的推力为 6500N，比冲为 3095.00m/s，小发动机的推力为 600N，比冲为 2150.00m/s。

8.4.1 迭代制导仿真

发射惯性坐标系下，飞行器的起始位置矢量为 $[-550938.9793,-13025658.6429,-261167.0713]^{\mathrm{T}}$m，速度矢量为 $[-7707.1634,626.3898,55.7839]^{\mathrm{T}}$m/s，目标点在地心惯性坐标系下的位置矢量为 $[3508767.9154,-5592988.0826,-935519.0450]^{\mathrm{T}}$m，速度矢量为 $[5275.7779,2620.4544,4890.2614]^{\mathrm{T}}$m/s，将目标点位置和速度转换到入轨点轨道坐标系下，相应的位置矢量为 $[0,6668445.3855,0]^{\mathrm{T}}$m，速度矢量为 $[7655.3005,-107.9146,0]^{\mathrm{T}}$m/s，对 8.2.2 节介绍的迭代制导方法进行仿真，利用主发动机完成制导所需的推力，姿态角变化由姿控发动机完成。制导过程中地心角取为固定值，在剩余时间小于 5s 时停止姿态角指令的迭代计算（姿态角指令取常值），仿真结果如图 8.4.1 ~ 图 8.4.9 所示，其中俯仰角和偏航角指令是相对于发射惯性坐标系描述的，位置和速度偏差是相对于入轨点轨道坐标系描述的。

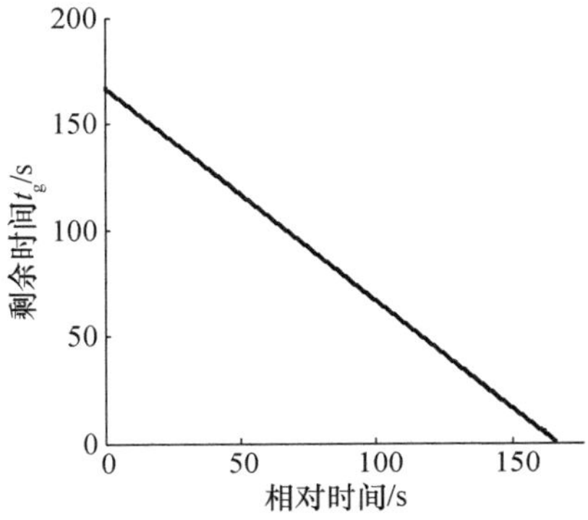

图 8.4.1　剩余时间示意图

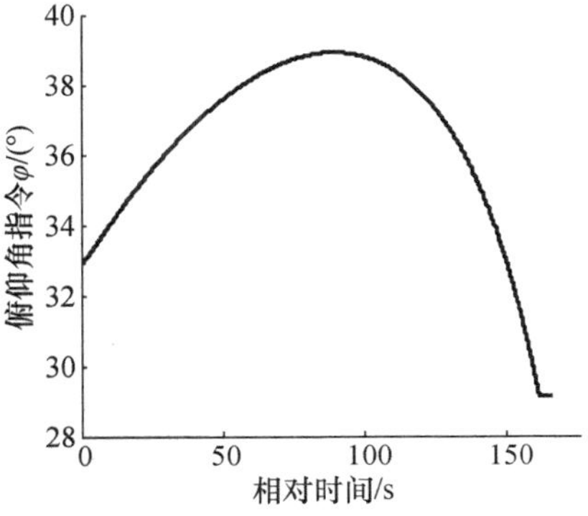

图 8.4.2　俯仰角指令 φ 示意图

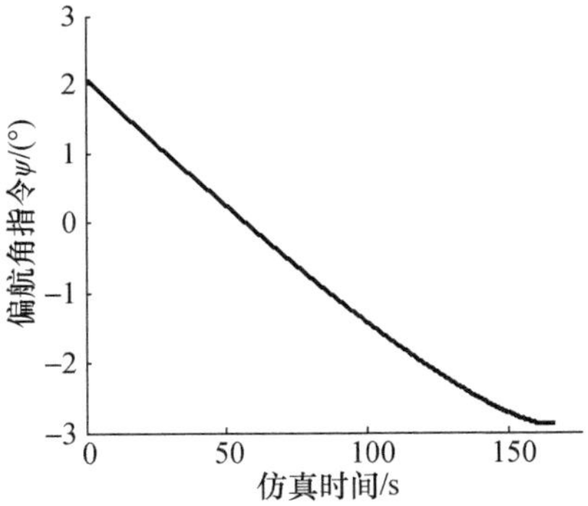

图 8.4.3　偏航角指令 Ψ 示意图

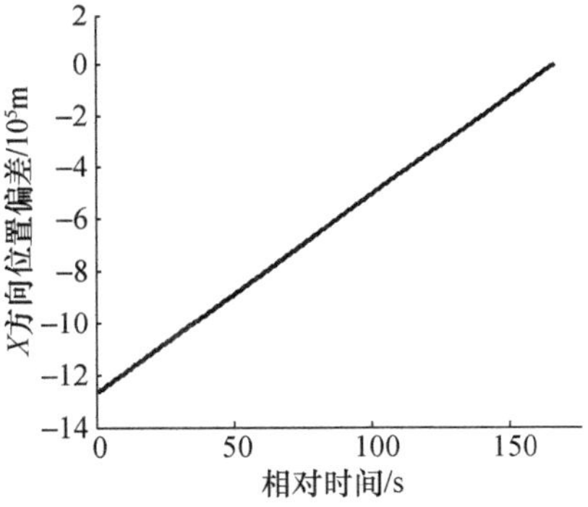

图 8.4.4　X 方向位置偏差示意图

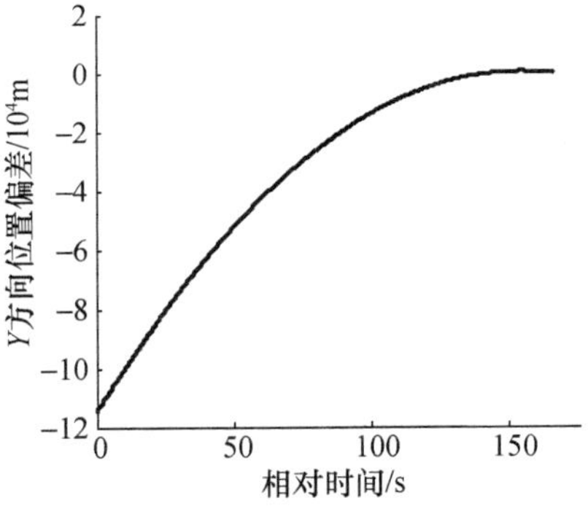

图 8.4.5　Y 方向位置偏差示意图

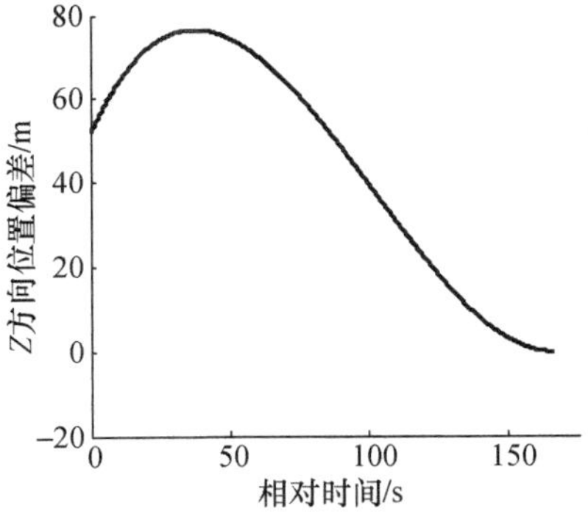

图 8.4.6　Z 方向位置偏差示意图

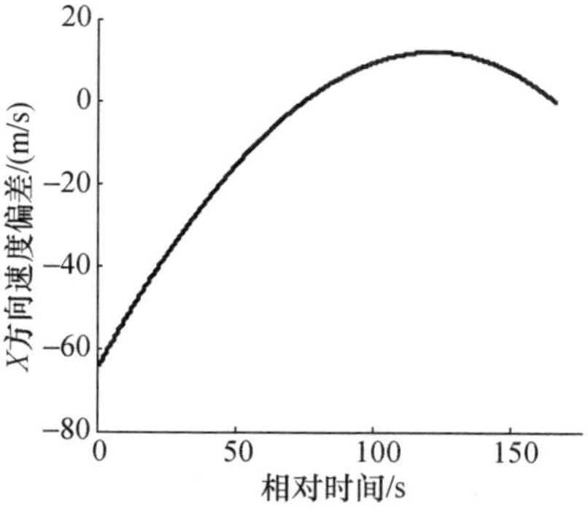

图 8.4.7 X 方向速度偏差示意图

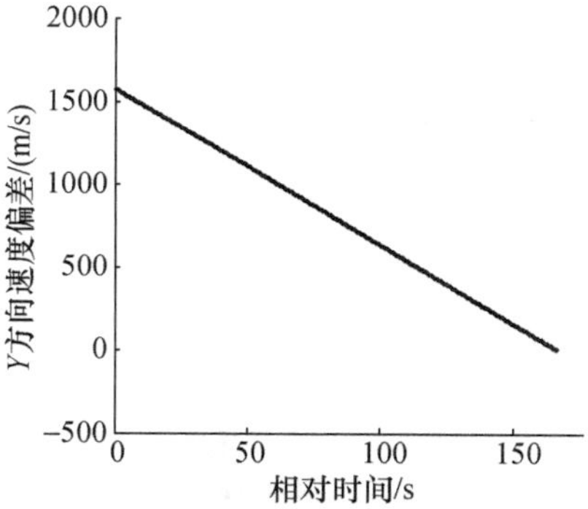

图 8.4.8 Y 方向速度偏差示意图

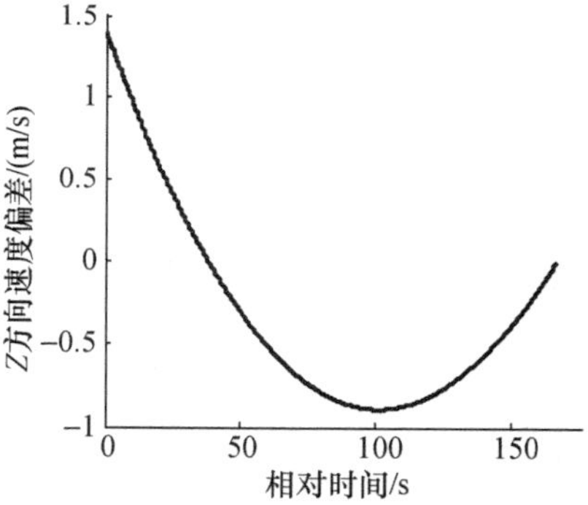

图 8.4.9 Z 方向速度偏差示意图

由仿真结果可以看出,在整个制导过程中,剩余时间逐渐减小到0,三个方向的位置和速度误差最终也趋于0。制导结束后,在入轨点轨道坐标系下的位置和速度偏差见表 8.4.1。

表 8.4.1 制导位置和速度偏差

离目标点的位置偏差/m			离目标点的速度偏差/(m/s)		
X	Y	Z	V_x	V_y	V_z
35.7889	-0.0325	-0.0061	0.0498	-0.0465	-0.0036

图 8.4.1 ~ 图 8.4.9 和表 8.4.1 的仿真结果表明了迭代制导方法

的有效性,可以满足最终的入轨精度要求。

8.4.2 中途修正仿真

在发射惯性坐标系下,设实际转移轨道的起始点位置为[1865014.8, 40816.2,150433.5]^{T}m,速度为[7412.601, −2160.522, −130.991]^{T}m/s,标称转移轨道的起始点位置为[2405429.8, −141936.2,140275.6]^{T}m,速度为[7201.003, −2784.509, −146.536]^{T}m/s,对 8.3 节介绍的中途修正策略进行仿真,利用小发动机完成制导所需的推力。首先进行两次中途修正的参数的初步计算,可得表 8.4.2。

表 8.4.2 两次中途修正参数

P_1 和 P_2	第一次修正点	第二次修正点
"交点"处速度差/(m/s)	3.0234	2.5915
姿控发动机点火时间/s	43.7113	37.4169

由表 8.4.2 可知,小发动机的点火时间在可接受的范围内,修正后的位置和速度偏差(在地心惯性坐标系下描述)见表 8.4.3。

表 8.4.3 两次中途修正后的偏差

偏差数据	离目标修正点的位置偏差/m			离目标修正点的速度偏差/(m/s)		
	X	Y	Z	V_x	V_y	V_z
第一次	−22.4457	10.7946	−7.8382	0.0259	−0.0014	0.0153
第二次	38.9995	40.3440	47.8097	−0.0511	0.0673	0.0065

由表 8.4.3 可知,经过第二次中途修正后,离目标点的位置偏差为 73.7182m,速度偏差为 0.0848m/s,通过两次中途修正后,可以将实际转移轨道修正到标称轨道附近,从而为后续的变轨任务提供了良好的初始条件。

参考文献

[1] 李学锋,李超兵,王志刚. 航天器轨道交会迭代制导算法[J]. 空间控制技术与应用,

2015,41(3):14-17+37.

[2] 张利宾. 火箭上面级导航,中途修正与姿态控制研究[D]. 哈尔滨:哈尔滨工业大学,2010.

[3] 曾国强. 月球探测器轨道动力学和制导方法研究[D]. 长沙:国防科学技术大学,2000.

[4] 袁建平,赵育善. 航天器深空飞行轨道设计[M]. 北京:中国宇航出版社,2014.

[5] 崔平远,乔栋,崔祜涛. 深空探测轨道设计与优化[M]. 北京:科学出版社,2013.

[6] Lu P, Pan B. Highly constrained optimal launeh ascent guidance[J]. Journal of guidance, control, and dynamics, 2010, 33(2):404-414.

[7] 杨嘉墀,范秦鸿,张云彤,等. 航天器轨道动力学与控制:上册[M]. 北京:中国宇航出版社,1999.

[8] 杨嘉墀,吕振铎,李铁寿,等. 航天器轨道动力学与控制:下册[M]. 北京:中国宇航出版社,2001.

[9] 章仁为. 卫星轨道姿态动力学与控制[M]. 北京:北京航空航天大学出版社,1998.

[10] 张利宾,史晓宁,崔乃刚. 基于NSGA-Ⅱ算法的上面级转移轨道中途修正时机优化[J]. 控制与决策,2011,09(1):1382-1385,1397.

[11] 陈世年. 控制系统设计[M]. 北京:宇航出版社,1996.

[12] 邓逸凡,李超兵,王志刚. 一种基于轨道要素形式终端约束的航天器空间变轨迭代制导算法[J]. 航空学报,2015,36(6):1975-1982.

[13] 李超兵,吕新广,王志刚,等. 一种适用于目标圆轨道的空间变轨迭代制导算法研究[J]. 航天控制,2015,33(3):34-37.

[14] 李超兵,王晋麟,李海. 一种基于多终端约束的最优制导方法[J]. 中国空间科学技术,2016,36(5):1-9.

第 9 章　轨道控制策略

9.1　引　　言

前几章分别介绍了轨道转移飞行器的轨道预报技术、惯性导航与初始对准技术、惯性/卫星组合导航技术、惯性/星光组合导航技术、惯性器件冗余容错与故障重构技术，以及制导与中途修正技术。在轨道转移飞行器的整个飞行任务过程中，这几章所介绍的技术都会涉及。为此，本章以轨道转移飞行器将有效载荷送入地球同步轨道为例，对前几章中的技术应用作一个综合性介绍。

整个飞行过程如图 9.1.1 和 9.1.2 所示：

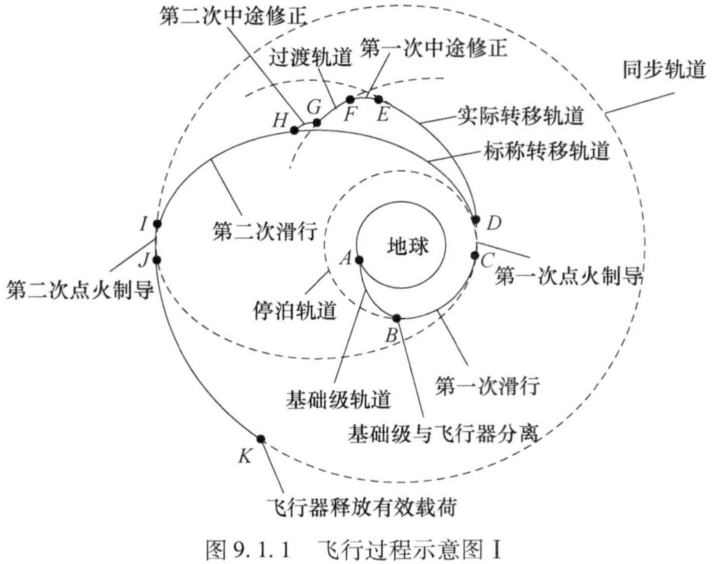

图 9.1.1　飞行过程示意图 I

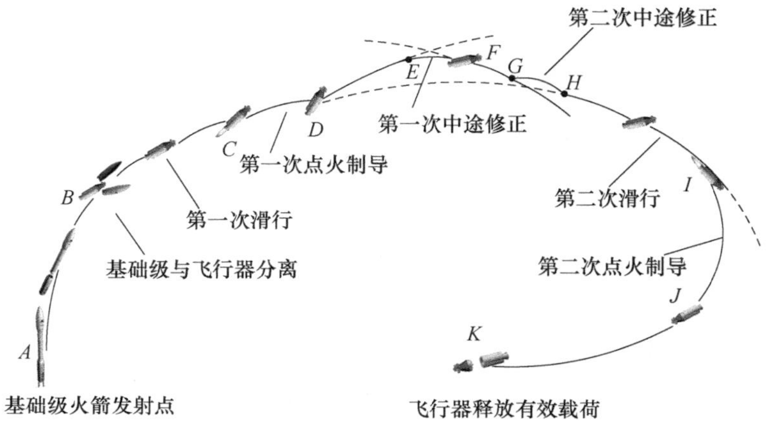

图 9.1.2 飞行过程示意图Ⅱ

由图 9.1.1 和图 9.1.2 可知，在飞行器完成初始对准等准备工作后，基础级火箭搭载着轨道转移飞行器和有效载荷从地面上的 A 点发射，火箭从起飞开始经过一段时间的飞行后将飞行器和有效载荷送入停泊轨道，火箭在停泊轨道的 B 点与飞行器和有效载荷分离。此后，飞行器搭载着有效载荷在停泊轨道上自由滑行，这也是整个飞行过程的第一次自由滑行，当滑行到停泊轨道的 C 点时，飞行器进行第一次点火制导。在制导结束后，理论上来说飞行器会进入一条事先设计好的标称转移轨道，但由于非球形地球引力、导航误差等因素的存在，飞行器从 D 点进入的实际转移轨道与标称转移轨道之间存在偏差，并且随着时间的增加偏差会越来越大，导致无法完成预定的变轨任务，从而最终无法将有效载荷送入同步轨道。因此，在转移轨道段需要进行中途修正，利用标称轨道控制法实施两次中途修正，选定转移轨道段的 E 点作为中途修正的起始点，在实施第一次中途修正后进入过渡轨道的 F 点。此后飞行器滑行至过渡轨道的 G 点实施第二次中途修正。修正结束后，飞行器进入标称转移轨道的 H 点，开始整个飞行过程的第二次自由滑行（不考虑中途修正过程中的滑行)，当滑行至标称转移轨道的 I 点时，飞行器进行第二次点火制导，在制导结束后进入同步轨道的 J 点，此后飞行器在同步轨道上滑行至 K 点释放有效载荷，从而完成了整个飞行任务。

整个飞行过程如下：

(1) 基础级火箭搭载着飞行器和有效载荷从地面上的 A 点飞行至停泊轨道的 B 点，在 B 点与飞行器和有效载荷分离。

(2) 飞行器搭载着有效载荷从 B 点进入停泊轨道，经过第一次自由滑行后，在停泊轨道的 C 点进行第一次点火制导，制导结束后，由于误差因素，飞行器从 D 点进入实际转移轨道。

(3) 飞行器在实际转移轨道的 E 点实施第一次中途修正，修正结束后进入过渡轨道的 F 点。

(4) 飞行器滑行至过渡轨道的 G 点实施第二次中途修正，修正结束后进入标称转轨道的 H 点。

(5) 飞行器开始第二次自由滑行，当滑行至标称转移轨道的 I 点时进行第二次点火制导，制导结束后进入同步轨道的 J 点。

(6) 飞行器在同步轨道上自由滑行至 K 点释放有效载荷。

9.2　轨道控制策略

9.2.1　初始对准设计

轨道转移飞行器在正式开始飞行任务之前，与有效载荷一起搭载在基础级火箭上，由于轨道转移飞行器的导航系统与基础级火箭的导航系统是相对独立的，没有信息交互，在基础级火箭从地面上的 A 点起飞之前，轨道转移飞行器的惯性导航系统需要完成初始对准工作，考虑到飞行器的自主性和通用性，采用自主式对准方式，设计过程中主要考虑的因素有：

(1) 对准方法的选择。考虑到基于惯性坐标系的对准技术在对准精度和快速性上的优势，并且可以通过数字滤波器削弱干扰信号的影响,因此可选取基于惯性坐标系的对准技术对轨道转移飞行器的惯性导航系统进行初始对准。

(2) 干扰加速度的数字滤波处理。第4章介绍了利用FIR低通滤波对加速度计的输出进行预处理的方法,因此可通过选取合适的窗函数,利用FIR滤波器来进行低通滤波。

(3) 带有数字滤波器的惯性坐标系对准技术。在利用数字滤波对陀螺仪和加速度计的信号进行处理后,就可以进行惯性坐标系初始对准,对准过程中求解的是本体坐标系和发射坐标系之间的转换关系,即姿态矩阵的初值,设真实的发射惯性坐标系为 $OXYZ$,捷联惯导"数学平台"建立的发射坐标系为 $OX'Y'Z'$,对准结束后,$OXYZ$ 和 $OX'Y'Z'$之间一般会有一个小的偏差,称为失准角,如图9.2.1所示。图中,α_0 为发射方位角,β_0 为发射点的纬度。

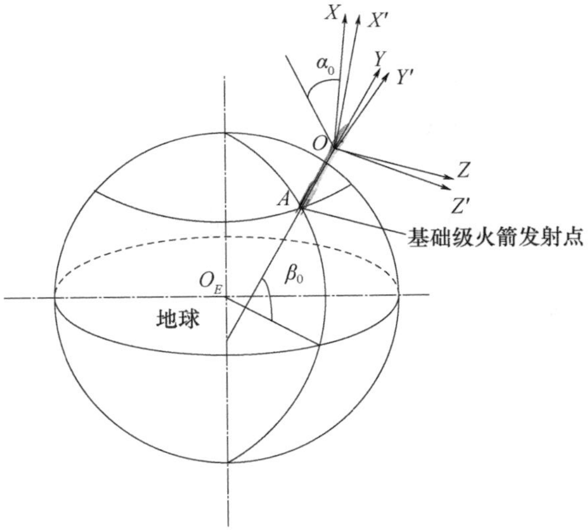

图9.2.1 初始对准示意图

发射坐标系随着地球一起在惯性空间中转动,一旦基础级火箭从 A 点起飞,将起飞时刻的发射坐标系在惯性空间中固定,建立发射惯性坐标系，作为飞行器在整个飞行过程中的导航坐标系。

需要注意的是，对准误差主要体现为惯性导航“数学平台”的失准角（具体内容可参见第 4 章中关于惯性导航系统的误差分析），失准角的大小与惯性器件的等效偏差直接相关（大小一般在角分量级），在轨道转移飞行器的整个飞行过程中，可用的导航手段主要包括惯性导航、卫星导航和天文导航，而卫星导航主要用来修正惯性导航的位置和速度误差，对于姿态的修正能力有限，在天文导航开始工作之前，失准角一直存在，此时初始对准的精度、陀螺仪和加速度计的测量精度一起决定了飞行器导航姿态参数的精度，对失准角的修正主要是在天文导航开始工作后，利用天文导航输出的姿态信息进行的。

9.2.2　惯性/卫星组合导航设计

在完成初始对准工作后，基础级火箭搭载着轨道转移飞行器从地面上的 A 点起飞，起飞后，飞行器的惯性/卫星组合导航系统开始工作，为保证在可见星少于 4 颗时导航系统仍能正常工作，可采用紧组合导航方式。

在从 A 点到 B 点的过程中，由于飞行器一直搭载在基础级火箭上，因此这段过程中尽管飞行器一直输出导航信息，但没有利用导航信息对飞行器进行控制。

在 B 点基础级火箭与飞行器分离，此后飞行器进入停泊轨道，并自由滑行至 C 点进行第一次点火制导，飞行器在从 B 点到 C 点的过程中利用惯性/卫星组合导航输出的导航信息进行制导参数的相关计算以及对姿态进行适当调整，此段过程主要是为第一次点火制导做好充分的准备工作。在从 C 点开始制导后，同样需要利用惯性/卫星组合导航系统的信息对飞行器进行控制，一直到 D 点，第一次点火制导结束。惯性/卫星组合导航示意图如图 9.2.2 所示。

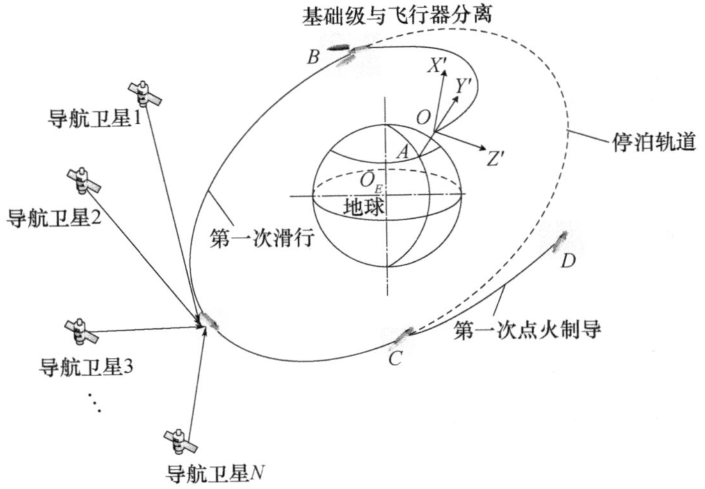

图 9.2.2 惯性/卫星组合导航示意图

9.2.3 惯组重构

惯性导航系统作为核心的导航系统,在整个飞行任务过程都处于工作状态(图 9.2.3)。在基础级火箭搭载着轨道转移飞行器从地面起

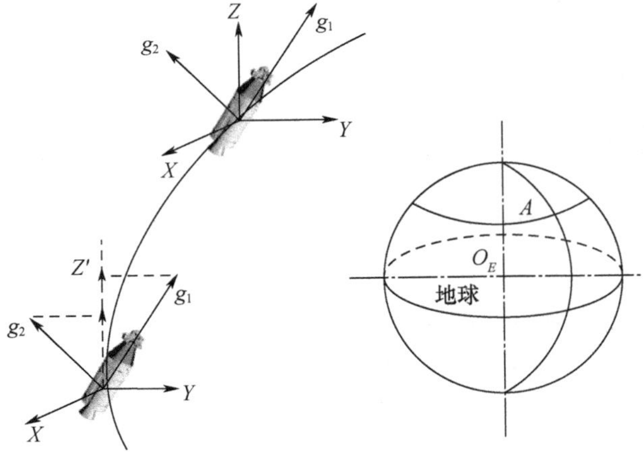

图 9.2.3 惯组重构示意图

飞至基础级火箭与轨道转移飞行器分离的过程中,即从 A 点到 B 点的飞行过程,虽然轨道转移飞行器自身没有起控,但其惯性导航系统依然处于工作状态,实时解算当前飞行器的轨道参数信息。因此,惯性坐标系统的冗余容错和故障重构在从 A 点到 K 点的整个飞行任务过程中都处于工作状态。可采用单表级惯组冗余中的三正交两斜置冗余方案,来对故障进行检测、隔离以及三个方向上导航输出信号的重构过程。

9.2.4　轨道预报设计

轨道转移飞行器第一次点火后从 D 点到中途修正点 E 之间,由于轨道位置较低,飞行器接收到的卫星信号较弱,不能利用卫星导航来修正惯性导航的工具累计误差,因此需要利用轨道预报技术对变轨点 D 到 E 过程的轨道参数进行预报,从而为 E 点的中途修正策略提供轨道参数基础。轨道预报微分方程取第2章中的"质心运动方程",由测量观测数据经参数估计过程得到轨道预报需要的轨道初值,选用扩展卡尔曼滤波方法对初值进行估计。第3章介绍了 Adams 方法、Cowell 方法和 Runge – Kutta 方法等数值积分算法,可采用选用四阶 R – K 算法进行数值积分。

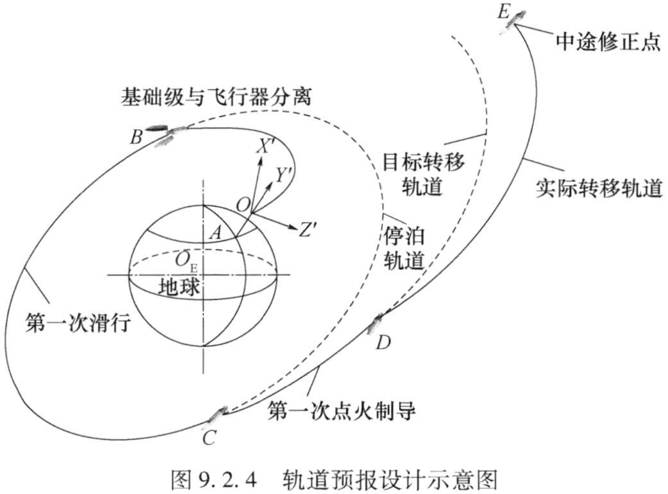

图9.2.4　轨道预报设计示意图

9.2.5 惯性/天文组合导航设计

飞行器通过两次中途修正，进入标称转移轨道的 H 点，此时由于轨道高度较高，无法正常接收导航卫星的信号，因此卫星导航失去作用，同时轨道高度能够保证飞行器远离大气层，正常观察星空图像，即天文导航系统可以正常工作。飞行器在从 H 点到 I 点的自由滑行过程中依靠天文导航对惯导进行修正，主要是修正初始对准结束后的失准角以及陀螺仪的漂移误差（工具误差），飞行器在从 H 点到 I 点的过程中利用惯性/天文组合导航输出的导航信息进行制导参数的相关计算以及对姿态进行适当调整，主要是为第二次点火制导做好充分的准备工作。在从 I 点开始制导后，同样需要利用惯性/天文组合导航系统的信息对飞行器进行控制，一直到 J 点，第二次点火制导结束。此部分的飞行过程如图 9.2.5所示。

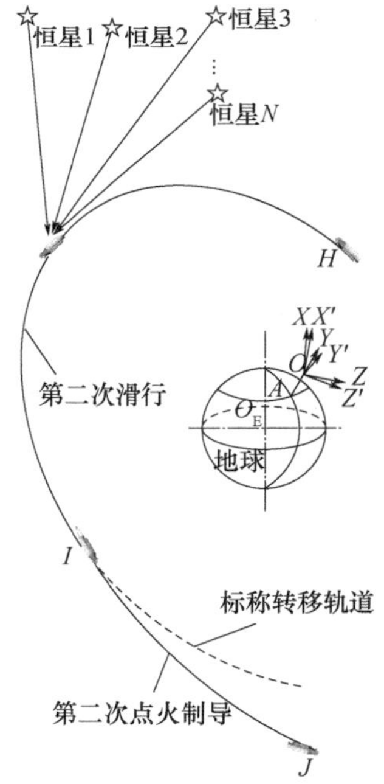

图 9.2.5 惯性/天文组合导航示意图

9.2.6　中途修正设计

飞行器在第一次点火制导结束后，由于入轨误差、导航误差和发动机推力偏差，以及非球形地球引力、日月引力等因素的影响，使得从 D 点进入的实际转移轨道与标称转移轨道之间存在偏差，需要进行修正。利用第8章介绍的内容，首先在实际转移轨道和标称转移轨道上各选取一点作为修正的起始点和最终的目标点，计算两次中途修正需要施加的速度脉冲，再根据具体的发动机配置计算实施这两次修正的开关机点。其中第一次中途修正的开机点为实际转移轨道的 E 点，在实施第一次中途修正后进入过渡轨道的 F 点，此后飞行器滑行至过渡轨道的 G 点实施第二次中途修正，修正结束后飞行器进入标称转移轨道的 H 点。此部分的飞行过程如图9.2.6所示。

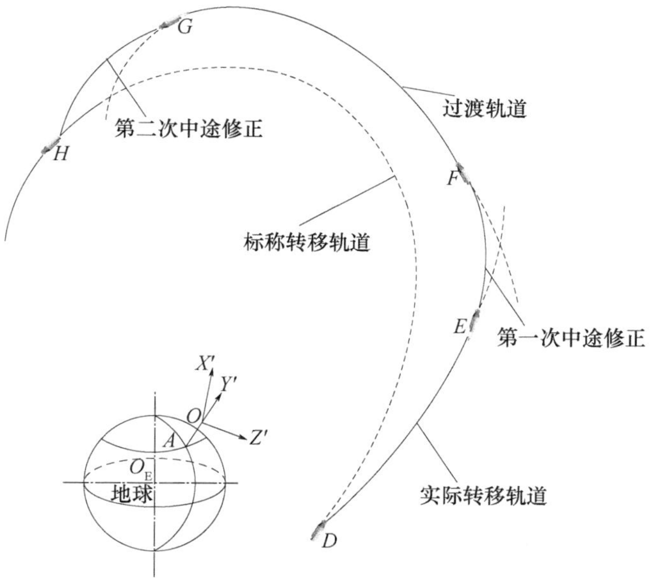

图9.2.6　中途修正示意图

9.2.7 变轨控制设计

飞行器的两次变轨控制利用配置的主发动机实现，具体的制导算法采用第 8 章介绍的摄动制导或者迭代制导。飞行器在停泊轨道上的 C 点开始第一次点火制导，第一次点火制导的算法选用摄动制导，可以采用半长轴关机方案。此部分的飞行过程如图 9.2.7 所示。

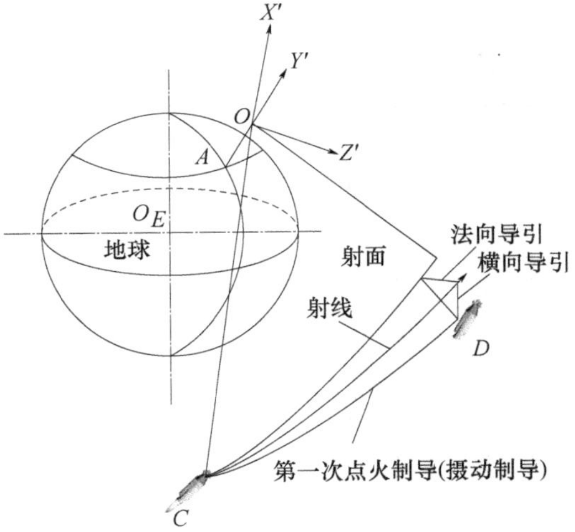

图 9.2.7 第一次点火制导示意图

飞行器在标称转移轨道上的 I 点开始第二次点火制导，此时由于轨道高度较高，与主发动机的推力相比，地球引力的比重有所减小，同时不存在大气环境的影响，因此第二次点火制导的算法选用迭代制导，制导解算主要是在入轨点轨道坐标系中进行，在获得入轨点轨道坐标系内的姿态角指令后，再利用坐标转换计算发射惯性坐标系内的姿态角指令，此后利用姿控发动机跟踪姿态角指令。此部分的飞行过程如图 9.2.8 所示，其中 $O_EX_oY_oZ_o$ 为入轨点轨道坐标系。

第二次点火制导结束后飞行器进入同步轨道的 J 点，当飞行器滑

行至 K 点时释放有效载荷,从而完成整个飞行任务。

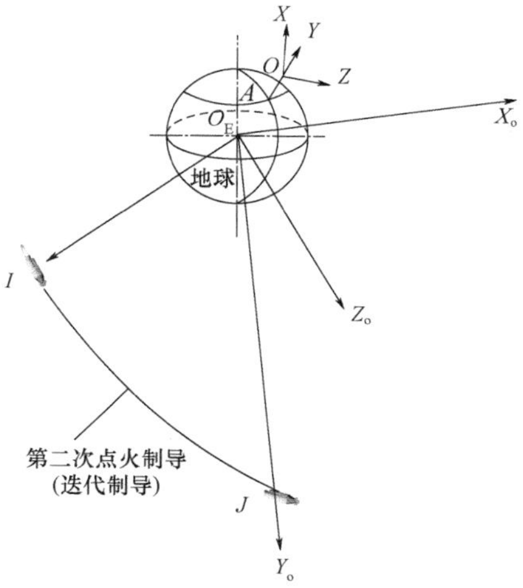

图 9.2.8　第二次点火制导示意图

参 考 文 献

[1] 张万里. 轨道转移飞行器的轨迹优化与制导算法研究[D]. 哈尔滨:哈尔滨工业大学,2011.

[2] 仲小丽. 箭载捷联惯性导航系统初始对准方法研究[D]. 南京:东南大学,2013.

[3] 刘冰. 环月飞行器轨道预报方法研究[D]. 长沙:国防科学技术大学,2006.

[4] 李超兵. 基于导终端约束的最优制导方法研究[C]. 先进导航制导与控制技术 2015 年学术会议,2015.